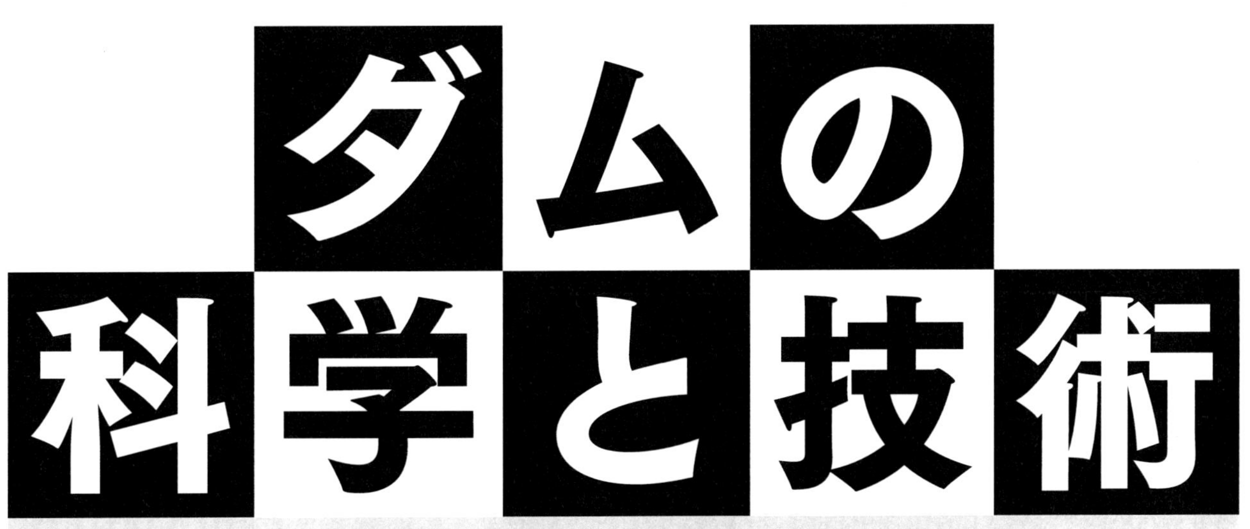

一般財団法人 日本ダム協会

はじめに

近年、短時間降雨の発生回数の増加や台風の大型化などといった気候変動により、水災害が頻発化・激甚化しており、我が国においては、毎年のように大規模な水災害が発生している。災害が発生した際に、被災地の迅速な復旧・復興を実施することだけではなく、被害が発生する前に事前の防災・減災対策を講じる、いわゆる「事前防災対策」を実施することが人命を守り、また社会経済的な活動への災害の影響を最小限にとどめるためにも非常に重要である。

気象変動のスピードに対応した治水対策を確実に実施していくためには、近年の水災害による甚大な被害を受けて、施設能力を超過する洪水が発生することを前提に、社会全体で洪水に備える水防災意識社会の再構築を一歩進め、気候変動の影響や社会状況の変化などを踏まえ、ハード・ソフト両面からあらゆる関係者が協働して流域全体で行う「流域治水」を推進することが重要である。

国土交通省は、「流域治水」の実効性を高めるために、令和3年5月に「特定都市河川浸水被害対策法」など、9本の法律を改正し、同年11月までに関連するすべての法律が施行されている。

このような状況の中で、きわめて重要で、かつ大規模な治水施設であるダムに関しては、頻発化・激甚化する水災害に対する治水安全度の向上を図るため、「事前防災対策」に重点をおいてダム建設事業が推進されている。この事業においては、ダムの新設に加えて、既存ストックを有効に活用し、既設ダムのかさ上げ、放流設備の増設などを行う「ダム再生（ダム再開発）」が積極的に推進されている。

ダムは様々な分野において我が国の経済・社会を支えてきた重要な社会資本である。古くは農業用水、水道用のダムとして造られ、技術の発展とともに、我が国の経済・社会を支え、エネルギーの供給、洪水被害の軽減に大きな役割を果たしてきている。一方、ダムへの様々な意見もあるなかで、近年では、環境保全・観光資源としても重要な役割を担ってきている。

これらの状況を踏まえ、本書では、これらのダムの歴史や役割を具体的な事例も踏まえて説明するとともに、安全でかつ長寿命な構造物として建設、維持管理するための基本及び先端技術を紹介する。さらに、我が国のダムを取り巻く環境変化を踏まえた対応として、種々の技術を紹介しつつ、ダムの今後の可能性についても解説している。

なお、本書を執筆、編集、発刊するに至った経緯としては、まず筆者の一人である魚本が、令和元年10月4日～12月6日の期間において、早稲田大学エクステンションセンターで開講された公開講座「ダムの科学と技術」（全8回）の講師をつとめた。この講座では、講座を聴講する者が、①ダムの治水、利水、環境保全等の役割を理解する、②安全で長寿命なダム施設を建設、維持管理するための基本及び最先端技術を理解する、ことなどを目標に、ダムの専門家でない一般の方々にできるだけわかりやすい講義を行うべく、ダムの設計、施工に係わる技術者が委員となる委員会を組織し、講義に使用するスライドを作成したことに端を発している。

この公開講座の終了後、スライド作成に係わった者が、スライド作成作業過程で得られた成果や知見を何らかの形でとりまとめて公表しておくことの重要性に鑑み、公開講座の1講義を1報文としてダム初心者の方々にもわかるように誌面講座『ダムの科学と技術』としてとりまとめ、一般財団法人日本ダム協会の機関誌「ダム日本」において令和2年8月から令和3年4月までの9ヶ月間（令和3年11月の掲載なし）にわたって連載された。

本書は、このように連載された誌面講座『ダムの科学と技術』を、再編集・再構成することで図書として発刊するものである。

是非、ダム初心者の方だけに限らず、幅広くダムに興味を持っておられる方々に本書をご覧いただき、ダムをより深く知っていただくための導入書として活用いただけることを、執筆者一同願っております。

令和4年9月1日

魚本　健人

山口　嘉一

編集委員・編集事務局・執筆者

編集委員

魚本　健人　　東京大学　名誉教授
山口　嘉一　　一般財団法人ダム技術センター　理事
池田　　茂　　一般財団法人ダム技術センター　審議役兼企画部長
植本　　実　　日本工営株式会社　流域水管理事業本部　技師長
小林　　裕　　株式会社建設技術研究所　東京本社ダム部フェロー
藤田　　司　　株式会社安藤・間 建設本部土木技術統括部 副部長
村田　智生　　西松建設株式会社　土木事業本部　土木営業第一部長
黒木　　博　　大成建設株式会社　土木本部　土木技術部 ダム技術室　室長

編集事務局

工藤　　啓　　一般財団法人日本ダム協会　元専務理事
光成　政和　　一般財団法人日本ダム協会　専務理事
吉野内眞二　　（元）一般財団法人日本ダム協会　技術参与
中野　朱美　　一般財団法人日本ダム協会　参事役

執筆者（五十音順）

魚本　健人　　東京大学　名誉教授（第1，2，3，4，5，6，7，8章）
植本　　実　　日本工営株式会社　（第3章）
黒木　　博　　大成建設株式会社（第4章3節）
小林　　裕　　株式会社建設技術研究所　（第5，6章）
藤田　　司　　株式会社安藤・間（第4章1，2節）
村田　智生　　西松建設株式会社　（第7章）
山口　嘉一　　一般財団法人ダム技術センター　（第1，8章）

（所属は2022年5月現在）

CONTENTS

ダムのある風景

1. 忠別ダム（北海道）

2. 笹流ダム（北海道）

3. サンルダム（北海道）

4. 大川ダム（福島県）

5. 草木ダム（群馬県）

6. 奈良俣ダム（群馬県）

7. 宮ケ瀬ダム（神奈川県）

8. 小渋ダム（長野県）

9. ナムニアップ１（ラオス）

10. 黒部ダム（富山県）

11. 長島ダム（静岡県）

12. 大井ダム（岐阜県）

13. 布引五本松ダム（兵庫県）

14. 志津見ダム（島根県）

15. 豊稔池ダム（香川県）

16. 満濃池（香川県）

1．	忠別ダム	（北海道）	大成建設㈱
2．	笹流ダム	（北海道）	ダム岡
3．	サンルダム	（北海道）	大成建設㈱
4．	大川ダム	（福島県）	㈱建設技術研究所
5．	草木ダム	（群馬県）	かみさと
6．	奈良俣ダム	（群馬県）	安部　塁
7．	宮ケ瀬ダム	（神奈川県）	㈱建設技術研究所
8．	小渋ダム	（長野県）	㈱建設技術研究所
9．	ナムニアップ1	（ラオス）	㈱大林組
10.	黒部ダム	（富山県）	安河内　孝
11.	長島ダム	（静岡県）	日本工営㈱
12.	大井ダム	（岐阜県）	ToNo
13.	布引五本松ダム	（兵庫県）	㈱建設技術研究所
14.	志津見ダム	（島根県）	日本工営㈱
15.	豊稔池ダム	（香川県）	安河内　孝
16.	満濃池	（香川県）	ふかちゃん

※ダム名（国内ダムはダムの所在都道府県名、海外ダムは所在国）写真提供者

第1章

ダムの基本と役割

第1章　ダムの基本と役割

本章では、図書全体の導入部として位置付けて、我が国の極めて水害や渇水の被害を受けやすい自然・社会条件について説明したうえで、これらの被害を防ぐないしは緩和する効果的な主要な方策の一つとしてダムがあることを説明する。さらに、ダムの機能や型式などダムの基本情報を紹介した後、ダムの治水、利水のみならず、環境保全・創出や観光資源などの様々な役割を、実例を示しつつ概説する。

1.1　わが国の自然・社会条件等

1.1.1　自然条件[1)]

わが国は、世界でも有数の多雨地帯・アジアモンスーン地帯に位置し、年間平均降水量は1 718mmで世界平均降水量約807mmの約2倍と恵まれている（図－1.1参照）。しかし、狭い国土に人口が多く、一人当たりの降水量は、世界平均の1／3程度と、決して豊富とは言えない状況にある（図－1.1、2参照）。また、わが国の降雨量は梅雨期と台風期の比較的短期間に集中しているため、河川の流況は常に安定しているとは言えない。そのため、日照りが続くと川の水は少なくなり、水不足となって生活や経済活動に大きな影響を与える可能性が高くなる。

1.1.2　地形条件[1)]

図－1.3に世界各国と日本の主要河川についての河川縦断勾配の比較を示す。この図より、わが国の地形が急峻であるため、河川は急勾配となり、結果として川の流れは速く勢いがあることが容易に理解できる。このため、大雨が降ると川に水が一気に流れ出して洪水となる（図－1.4参照）。

また、諸外国の多くの都市では、市街地の最も低いところを川が流れているが、日本の都市では、市街地より高いところを流れる川が多く（図－1.5参照）、そのため、日本では堤防の決壊や浸水による被害が大きくなりやすい特徴がある。

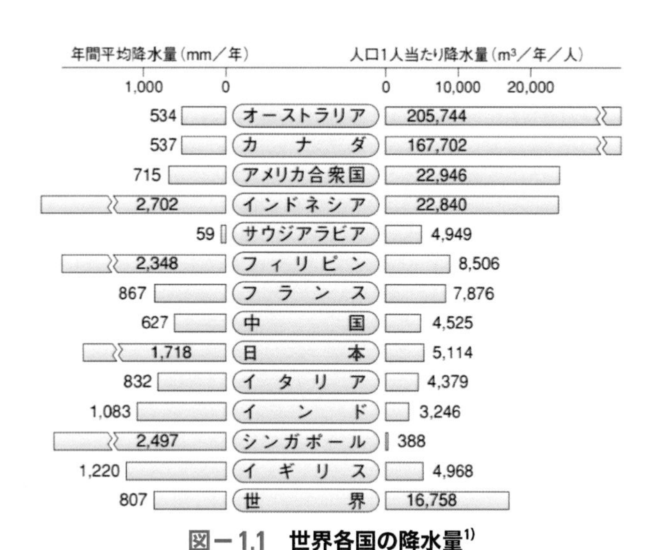

図－1.1　世界各国の降水量[1)]

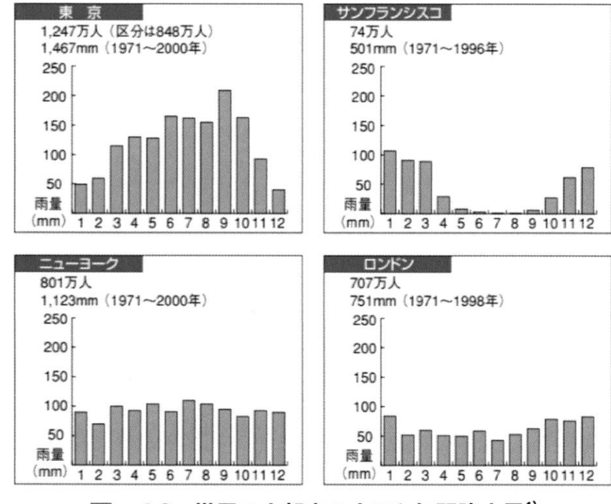

図－1.2　世界の大都市の人口と年間降水量[1)]

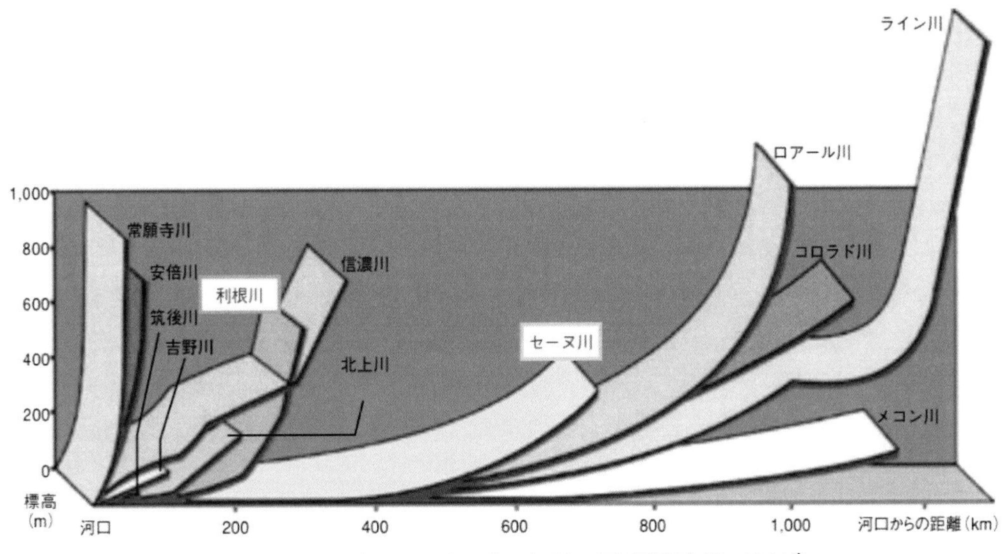

図－1.3　世界各国と日本の主要河川の河川縦断勾配の比較[1)]

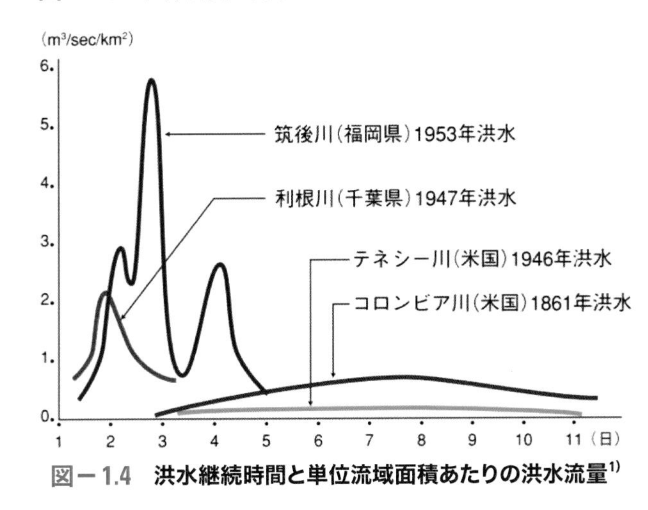

図－1.4　洪水継続時間と単位流域面積あたりの洪水流量[1)]

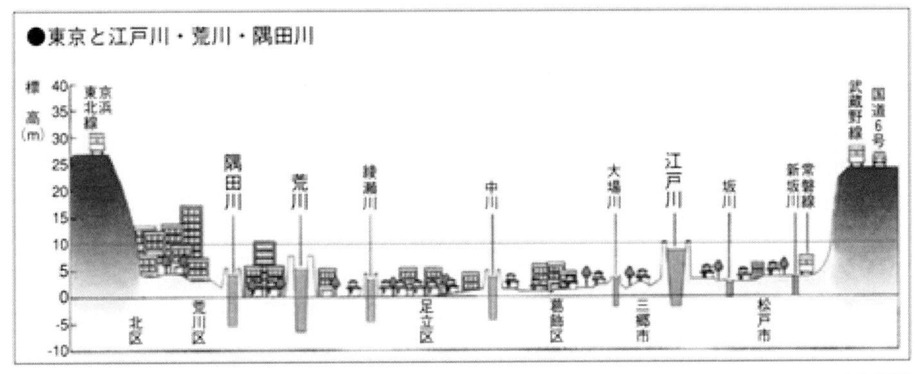

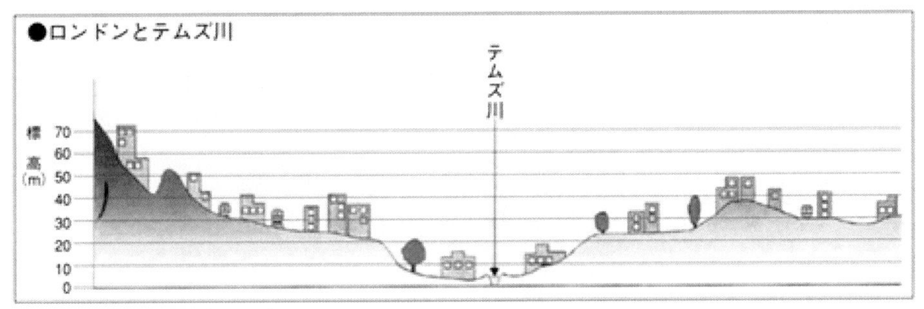

図－1.5　河川洪水位と市街地標高の比較[1)]

1.1.3　社会条件[1)]

図－1.6は、日本、英国、米国における洪水時の河川水位より低い地域（氾濫区域）とその他の地域（非氾濫区域）における人口率、面積率を、また日本については資産率も示したものである。この図より、洪水時の河川水位より低い地域の面積率は、3ヵ国とも10%程度であるが、人口率については、英国、米国が10%程度であるのに対して日本は約50%となっており、氾濫区域内に人口が集中していることがわかる。さらに、資産に至っては、約75%が氾濫区域内に集中しており、一旦洪水氾濫が発生すると甚大な被害が発生することが容易に理解できる。

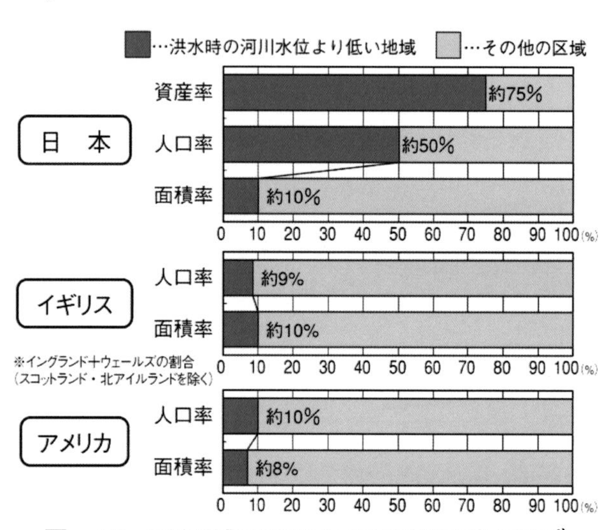

図－1.6　氾濫区域における人口及び資産の集中状況[1)]

1.1.4　水資源の概要[1)]

図－1.7に、日本の河川の最大流量と最小流量の比の例を示す。海外の主要河川であるテムズ川、ドナウ川、ミシシッピ川におけるその比はそれぞれ1／8、1／4、1／3である[2)]ことを考慮すると、日本の川は、最大流量と最小流量の差が非常に大きいことがわかる。さらに、図には示していないが、日本の河川においては、人間が使用している水の利用量が最小流量をはるかに上回っている。

また、図－1.8には、世界のダムの貯水容量等に関する情報をまとめて示す。この図より、わが国には2 700基程度のダムが存在するが、大規模なダムの多くは急峻な地形のサイトに建設されることが多いため1ダムあたりの貯水量が少なく、その総貯水容量は約222億m^{3}と米国のフーバーダム（重力式アーチダム、1936年完成）1基の総貯水容量約400億m^{3}よりかなり少ない。また、世界の主要都市における一人あたりの貯水量の比較において、東京首都圏は英国ロンドンとは大差はないが、米国ニューヨークの1／10程度で、同じアジアの韓国ソウル、台湾台北と比較してもかなり少ないことがわかる。

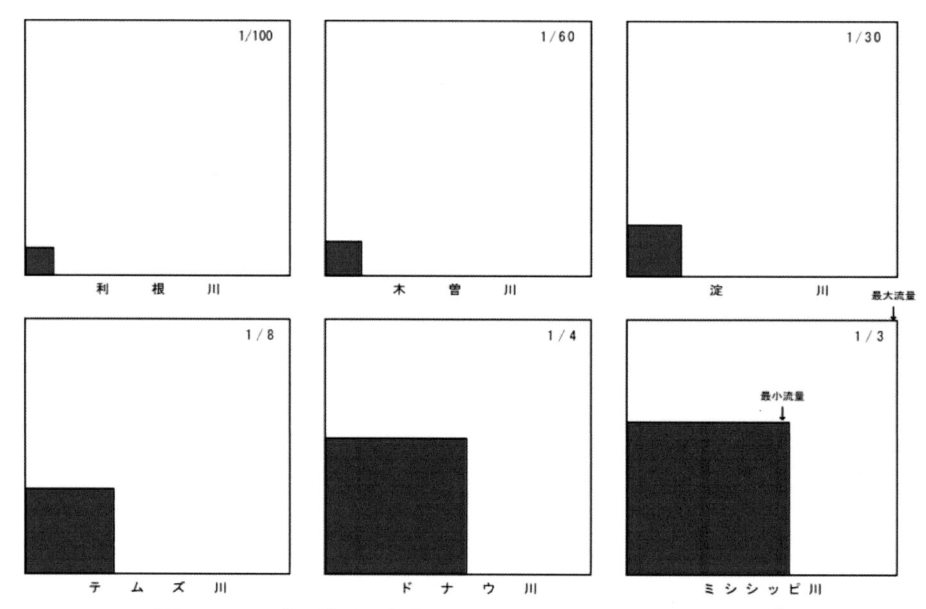

図－1.7　日本と世界の主要河川における最大流量及び最小流量[2)]

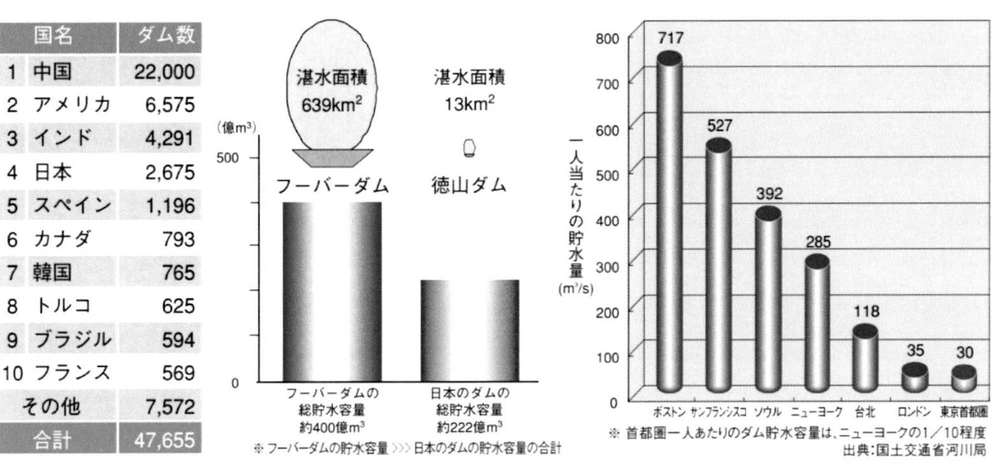

国名	ダム数
1 中国	22,000
2 アメリカ	6,575
3 インド	4,291
4 日本	2,675
5 スペイン	1,196
6 カナダ	793
7 韓国	765
8 トルコ	625
9 ブラジル	594
10 フランス	569
その他	7,572
合計	47,655

図－1.8　世界のダムの貯水容量の比較[1)]

1.2　水害に対して脆弱なわが国

1.2.1　わが国の洪水による被害状況[1)]

1.1で示したわが国の自然・社会条件により、わが国では全国各地で毎年のように洪水被害を受けている。図－1.9は、平成8年から平成17年の10年間の水害被害を平成12年価格で整理し、都道府県ごとに日本地図に示したものである。この図より、日本全国における平成8年から平成17年の10年間の水害による被害総額は7兆円に上ることがわかる。

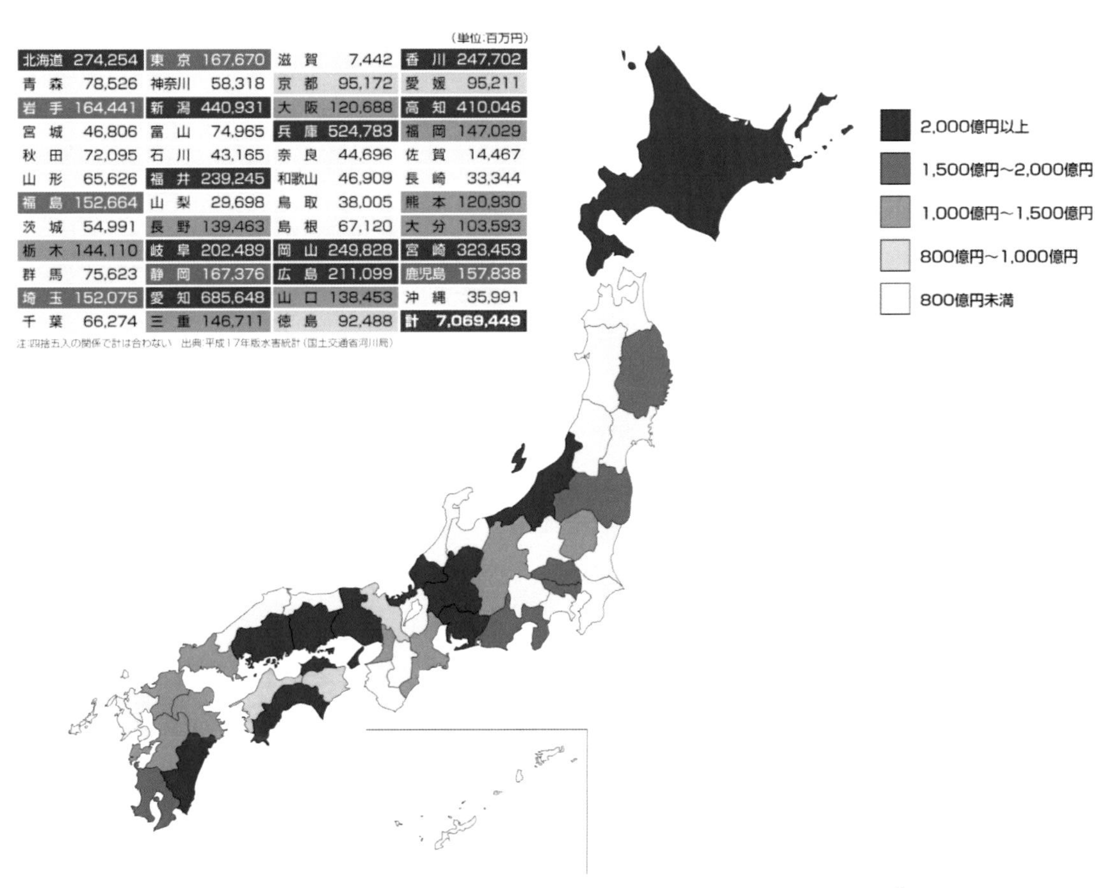

（単位:百万円）

北海道	274,254	東京	167,670	滋賀	7,442	香川	247,702
青森	78,526	神奈川	58,318	京都	95,172	愛媛	95,211
岩手	164,441	新潟	440,931	大阪	120,688	高知	410,046
宮城	46,806	富山	74,965	兵庫	524,783	福岡	147,029
秋田	72,095	石川	43,165	奈良	44,696	佐賀	14,467
山形	65,626	福井	239,245	和歌山	46,909	長崎	33,344
福島	152,664	山梨	29,698	鳥取	38,005	熊本	120,930
茨城	54,991	長野	139,463	島根	67,120	大分	103,593
栃木	144,110	岐阜	202,489	岡山	249,828	宮崎	323,453
群馬	75,623	静岡	167,376	広島	211,099	鹿児島	157,838
埼玉	152,075	愛知	685,648	山口	138,453	沖縄	35,991
千葉	66,274	三重	146,711	徳島	92,488	計	7,069,449

注:四捨五入の関係で計は合わない　出典:平成17年版水害統計（国土交通省河川局）

図－1.9　平成8年から平成17年の10年間の水害被害（平成12年価格）[1)]

1.2.2　全国各地で頻発する集中豪雨、台風による被害[1)]

少し古い情報になるが、平成16年度は観測史上最多の10台風が上陸し未曾有の災害が発生した。翌平成17年度も各地で記録的な災害が発生した。さらに平成18年度も「平成18年7月豪雨」をはじめとする大雨によって、各地で河川の氾濫等により家屋の浸水が発生し、甚大な被害となった。図－1.10は、平成16～18年度の3年度において発生した集中豪雨、台風による大規模水害の状況を示したものである。この3年度だけでも極めて大きな被害を受けていることが理解できる。

また、最近の7-8年に限っても、平成26年8月豪雨による広島の土砂災害、平成27年9月関東・東北豪雨による鬼怒川の堤防決壊、平成28年台風7、11、9、10号による東北・北海道における被害、平成29年7月九州北部豪雨による被害、平成30年

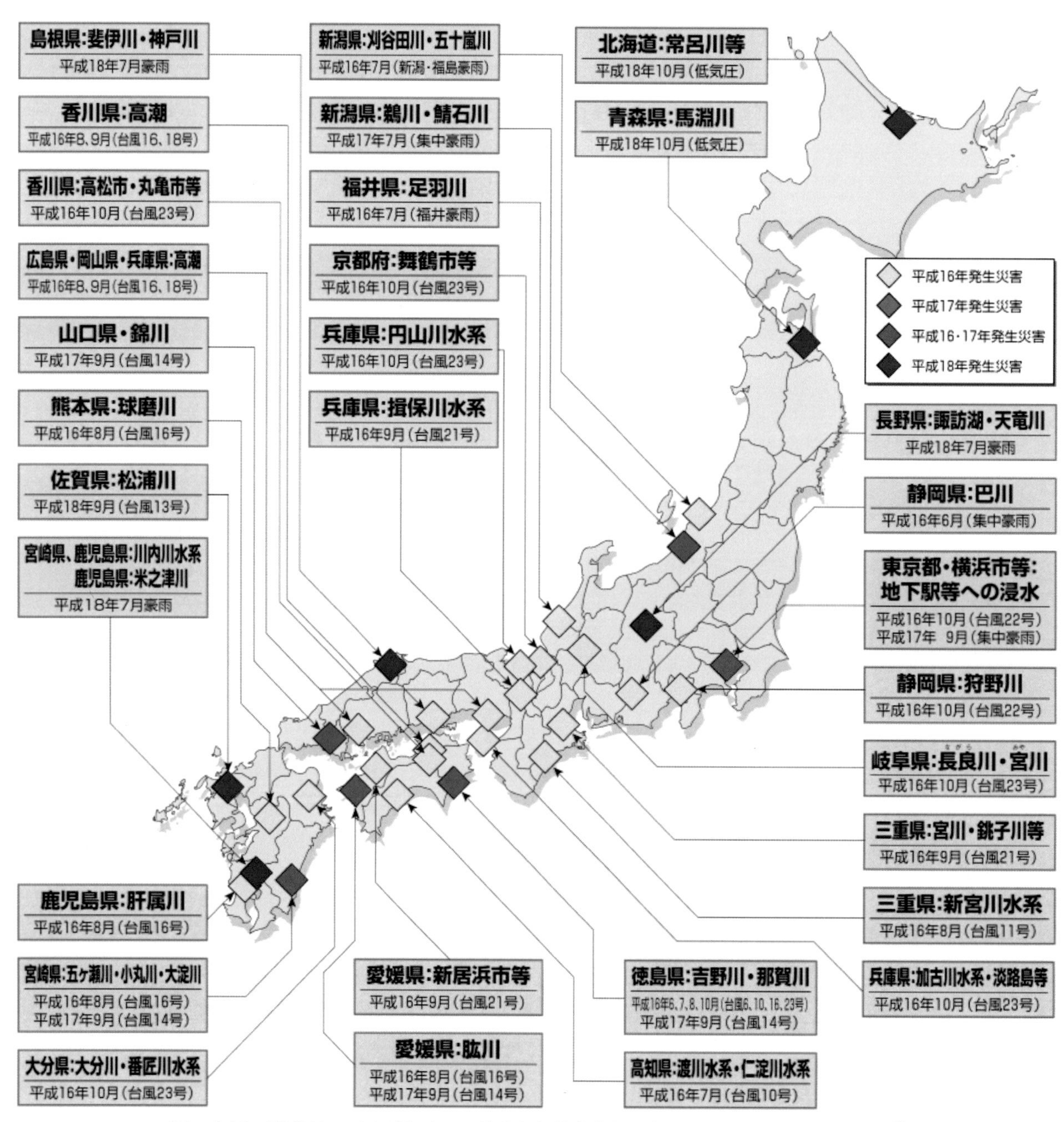

図－1.10　平成16～18年度において発生した集中豪雨，台風による大規模水害の状況[1)]

7月西日本豪雨による被害、令和元年台風19号による被害など、毎年のように大きな被害が発生しているのが現状である。

図－1.11～13に、それぞれ平成27年9月関東・東北豪雨による被害、平成28年8月に相次いで発生した一連の台風における被害、平成30年7月西日本豪雨による被害の状況を示す。

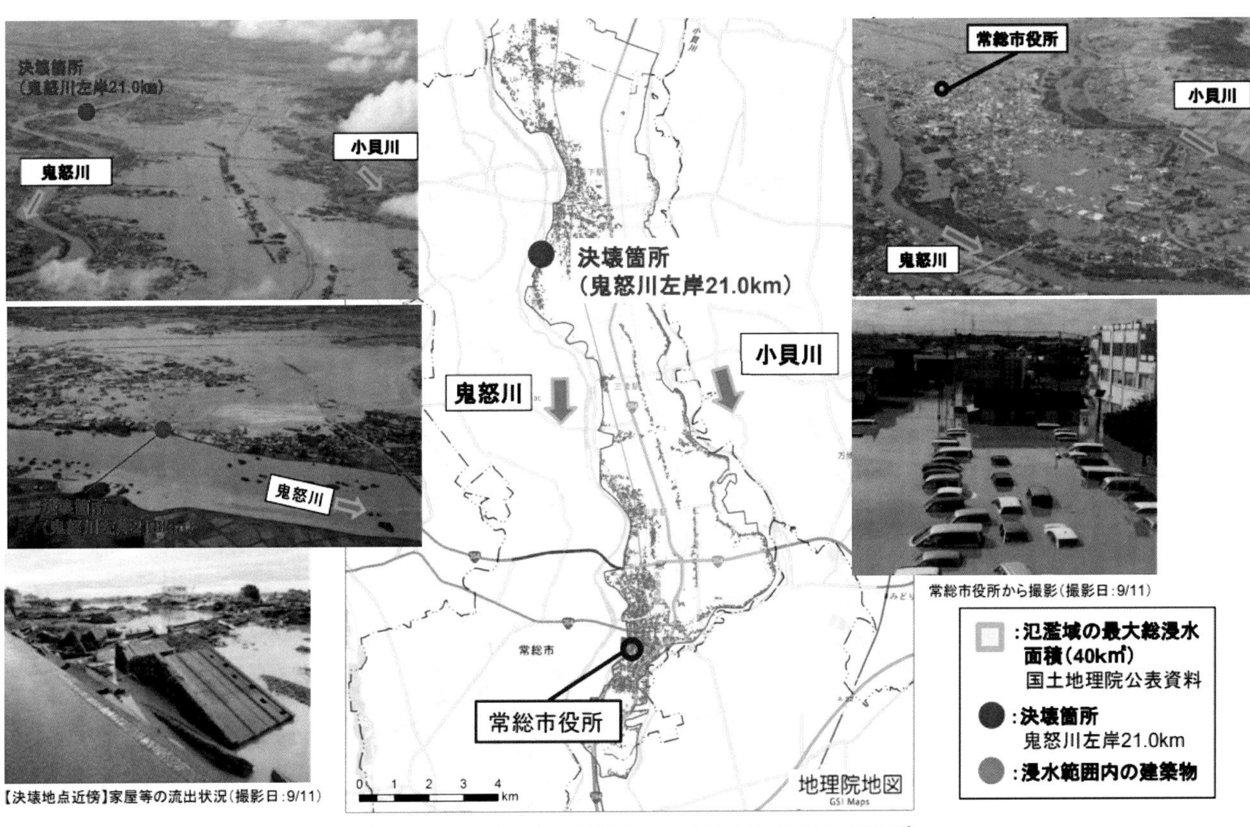

図－1.11　平成27年9月関東・東北豪雨による被害状況[3]
（常総市三坂町（鬼怒川左岸21.0km付近）の堤防決壊等）

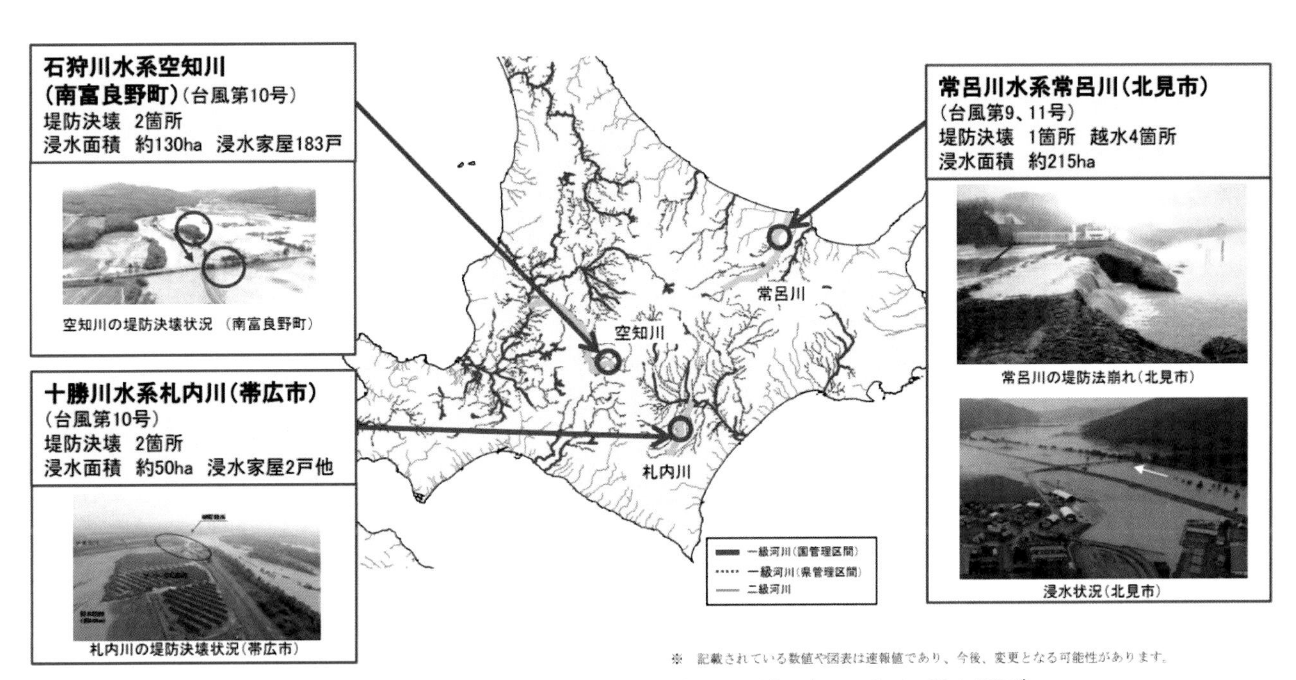

図－1.12　平成28年の8月に相次いで発生した一連の台風における被害状況[4]

図－1.13　平成30年7月西日本豪雨による被害状況[5)]

1.3　渇水に対して脆弱なわが国[1)]

図－1.14には、昭和62年から平成18年の20年間で上水道について減断水のあった年を渇水発生年とし、その年数を日本地図に整理したものを示す。この図より、この20年間において多くの都道府県が渇水を経験しており、また三大都市圏、四国、福岡などにおいては渇水が頻発していることがわかる。

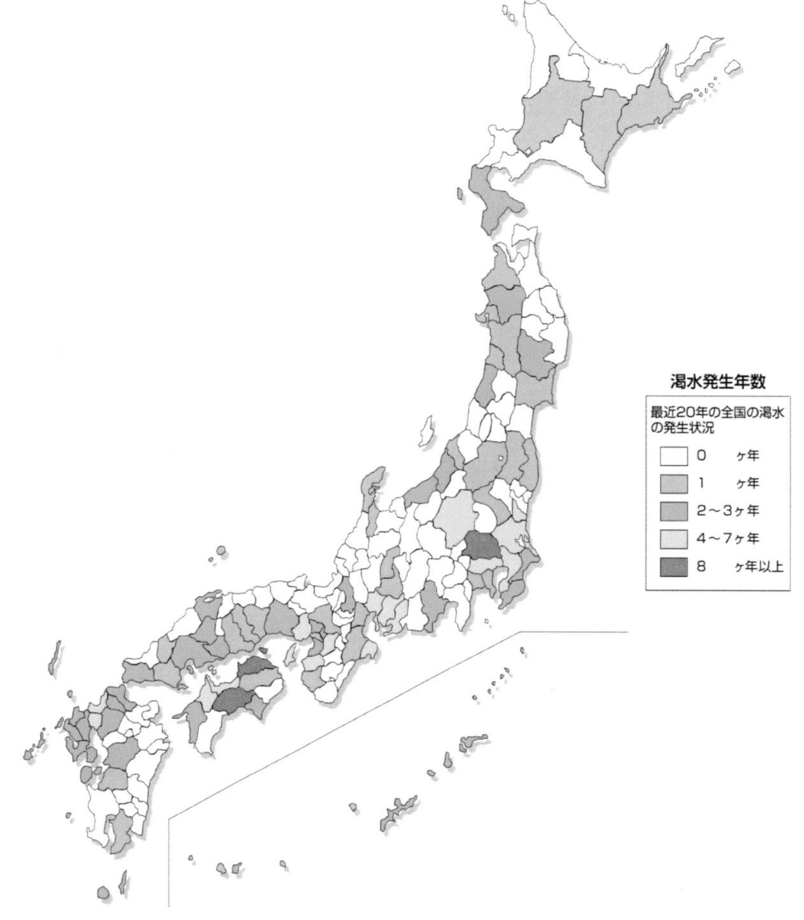

図－1.14　昭和62年から平成18年の20年間の渇水発生年数の全国分布
（平成19年版「日本の水資源」（国土交通省土地・水資源局水資源部））[1)]

また、図－1.15には、首都圏の水がめである利根川上流９ダム（矢木沢ダム、藤原ダム、相俣ダム、薗原ダム、下久保ダム、草木ダム、渡良瀬遊水池、奈良俣ダム、八ッ場ダム）の貯水容量の経年変化を渇水発生年がわかるように整理したものを示す[6]。この図から、首都圏の水がめにおいても、主に夏場に貯水量が大幅に低下している年がかなりあることが容易に理解できる。

1.4　ダムの基本

1.4.1　ダムとは

ここで改めて「ダム」とは、コンクリート、岩、土などの材料を利用して水を一時的に貯留するための大型構造物であり、我が国の「河川法」においては高さ15m以上の構造物と規定している。

なお、ダムの高さ（堤高）は、水を貯留するダム堤体の最深部と頂部（天端）との高低差として規定される（図－1.16参照）。

わが国のダム数（堤高15m以上）は2 700基程度であり、世界でも中国、米国、インドに次いでダム数の多い国となっている[8]。

1.4.2　ダムの目的

ダムの目的としては、洪水調節、水道用水、工業用水、農業用水、発電、流水の正常な機能の維持などがある（図－1.17参照）。また、最近ではレクリエーションを目的としたダムもある。これらの目的のうち複数の機能を兼備したダムを多目的ダムと呼ぶ。

わが国の完成ダムにおける目的別シェアの推移を図－1.18に示す[9]。この図より、ダム建設開始当初は農業目的のダムがほとんどであり、19世紀末から20世紀初頭の頃から上水（水道）、発電を目的としたダムが増加しはじめていることがわかる。また、第２次世界大戦後、高度経済成長期を経て、洪水調節や不特定（河川環境の改善など）を目的とし

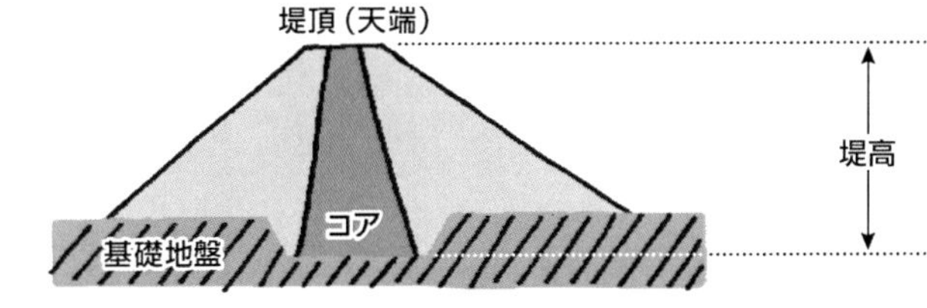

図－1.16　ダムの高さの定義（フィルダムの例）[7]

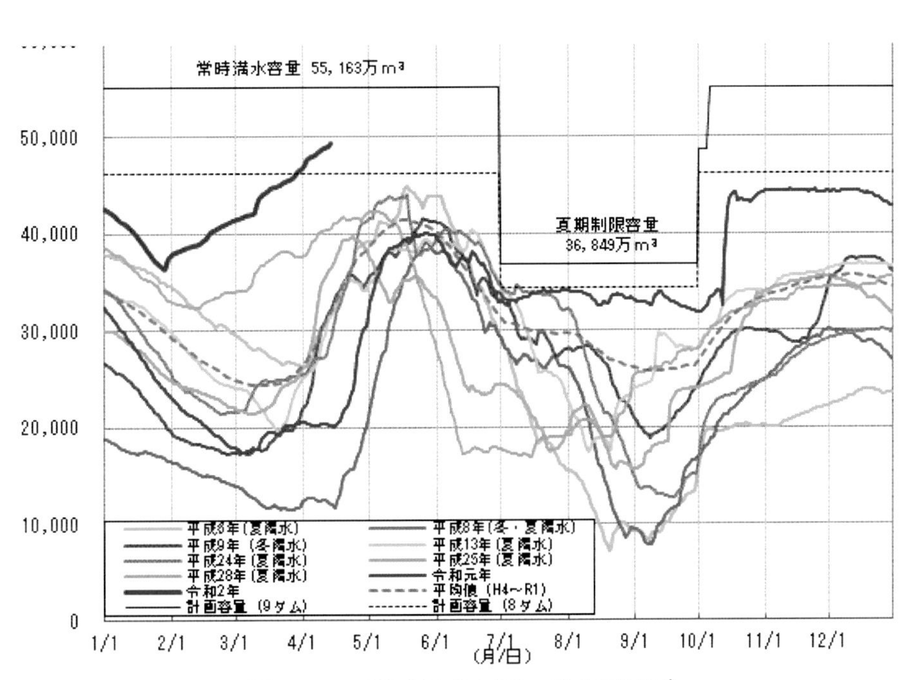

図－1.15　利根川上流９ダムの貯水容量図[6]

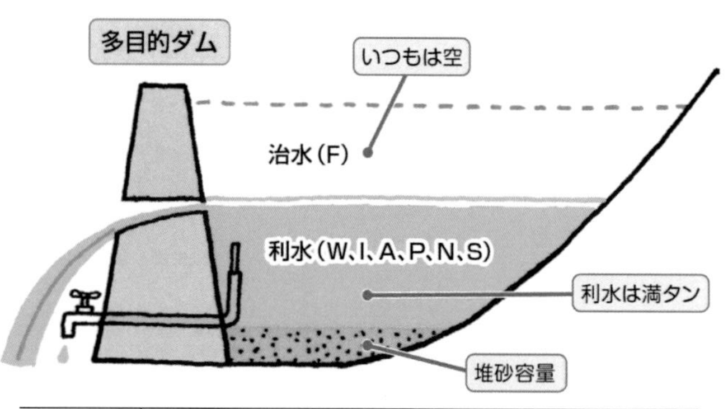

目的略字	内容
F	洪水調節（Flood control）
W	水道用水（Water supply）
I	工業用水（Industrial use）
A	農業用水（Agricultural use）
P	発電（Power generation）
N	流水の正常な機能の維持（Normal function for river water）
S	消雪用水（Snow melting）

図－1.17　ダムの目的（文献7）に一部加筆）

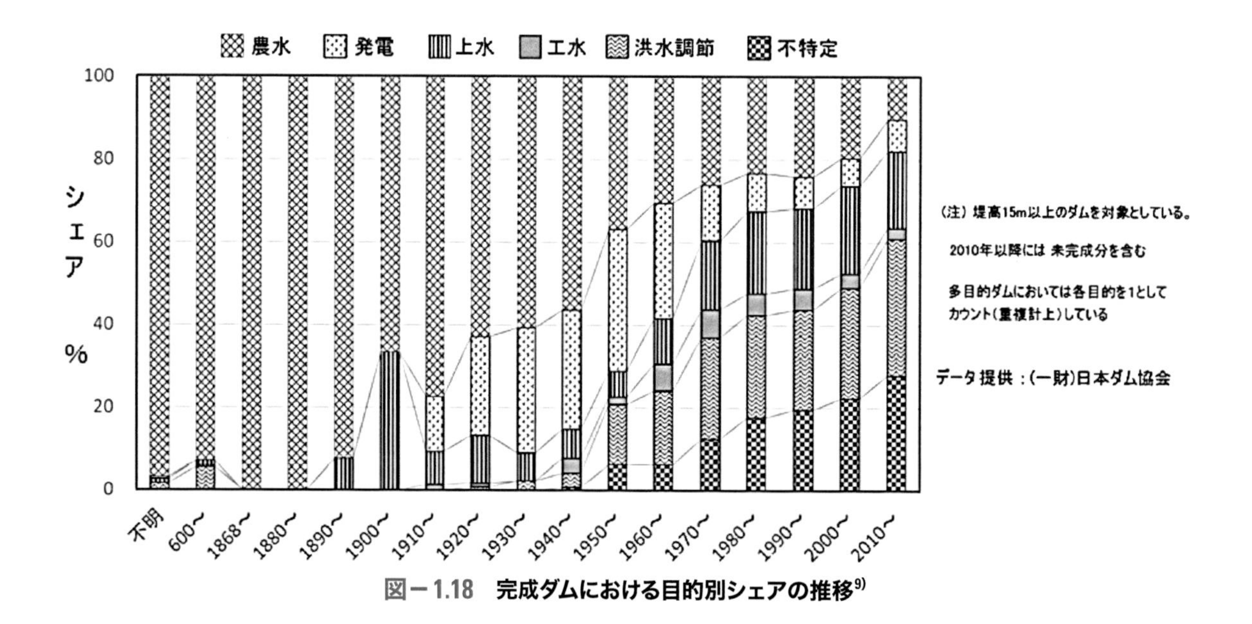

図－1.18　完成ダムにおける目的別シェアの推移[9]

たダムが増加してきていることもわかる。

1.4.3　ダムの型式[1)]

ダムは構成材料および構造等の違いからいくつかの型式に分類される。主要なダム型式としては、図－1.19に示すように、アーチ式コンクリートダム、重力式コンクリートダム、フィルダムがある。このほかにも、複合型式ダム、中空重力式コンクリートダム、バットレスダムなどがある。これらの型式の特徴は以下のとおりである。

(1)　アーチ式コンクリートダム

主として構造物のアーチ作用により、水圧等の外力に抵抗して貯水機能を果たすように造られたコンクリートダムである。水平断面をとると円弧や放物線の形状を有している。

(2)　重力式コンクリートダム

ダム堤体の自重により水圧等の外力に抵抗して、

(a)　アーチ式コンクリートダム

(b)　重力式コンクリートダム

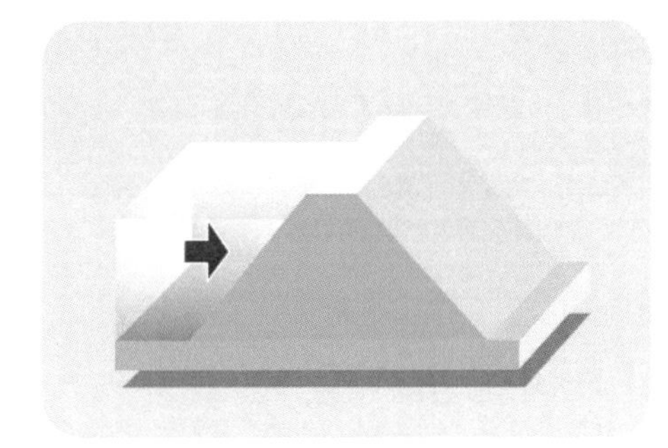
(c)　フィルダム

図－1.19　主要なダム型式（文献1）の図面を一部編集）

貯水機能を果たすように造られたコンクリートダムである。一般的にその水平断面は直線形で、横断面は基本的に三角形で構成されている。

⑶　フィルダム

堤体材料として岩石、砂利、砂、土質材料を使用するダムである。フィルダムの型式には、さらに細区分としてゾーン型フィルダム、均一型フィルダム、表面遮水壁型フィルダムがある。

⑷　複合型式ダム

重力式コンクリートダムとフィルダムとの組み合わせで造られる複合型のダムである。

⑸　中空重力式コンクリートダム

堤体中心部が中空になっている、重力式コンクリートダムである。

⑹　バットレスダム

水をせき止めるための鉄筋コンクリート製の遮水板と、その水圧を支えるための鉄筋コンクリートのバットレスと呼ばれる擁壁（支えるための壁）からなるダムである。

このほかにも新型式のダムとして台形CSGダム[10)]がある。台形CSGダムは、ダムの形状を「台形」とし、堤体材料として建設現場周辺で手近に得られる岩石質材料を、分級・粒度調整、洗浄を基本的に行うことなく、セメント、水を添加し、簡易な施設を用いて混合した「CSG（Cemented Sand and Gravel)」を用いてダムを築造するものである。また、台形CSGダムは、「材料の合理化」に着目したものであるが、併せて「設計の合理化」、「施工の合理化」にも資するものである。台形CSGダムの標準断面を図－1.20に示す。

また、堤体材料および構造による区分ではないが、大きな洪水時のみ水を貯留し、常時は川の流れを変化させない、洪水調節専用の「流水型ダム」という区分がある。流水型ダムは、常時は貯水しないため、流入水と同じ水質が維持され、また、上流から流入してきた土砂を全て捕捉するのではなく流水と同時に下流に流すことができる、という優れた環境機能を有している。これに対して、常時に利水等の目的で貯留するダムを「貯留型ダム」と呼ぶ。貯留型ダムと流水型ダムの違いを図－1.21に示す。

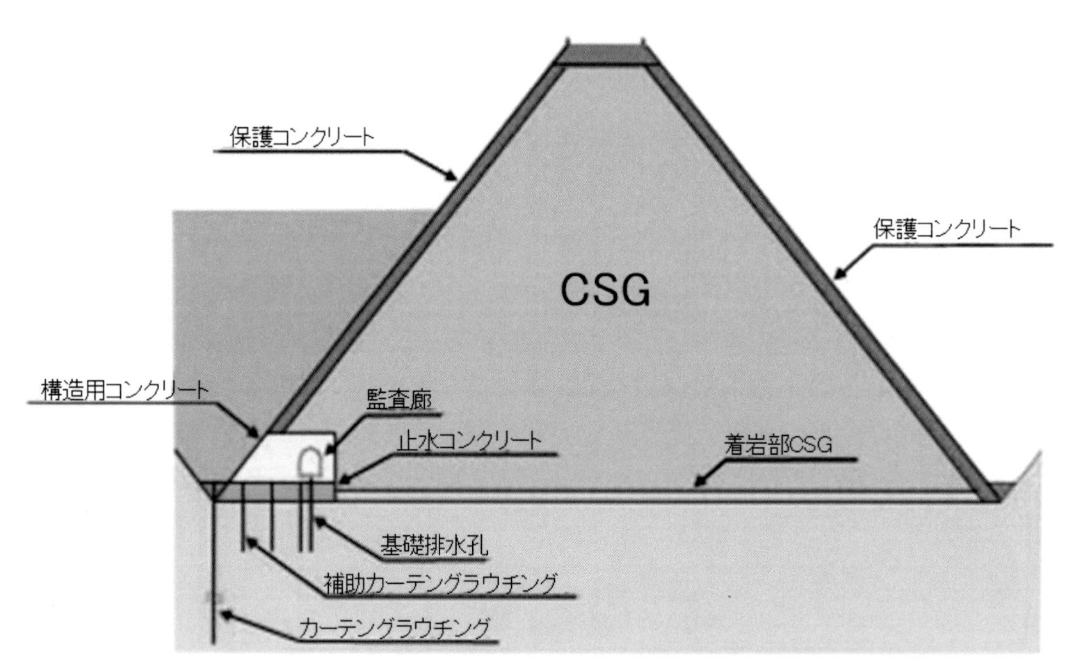

図－1.20　台形CSGダムの標準断面（文献10)の図面を一部修正）

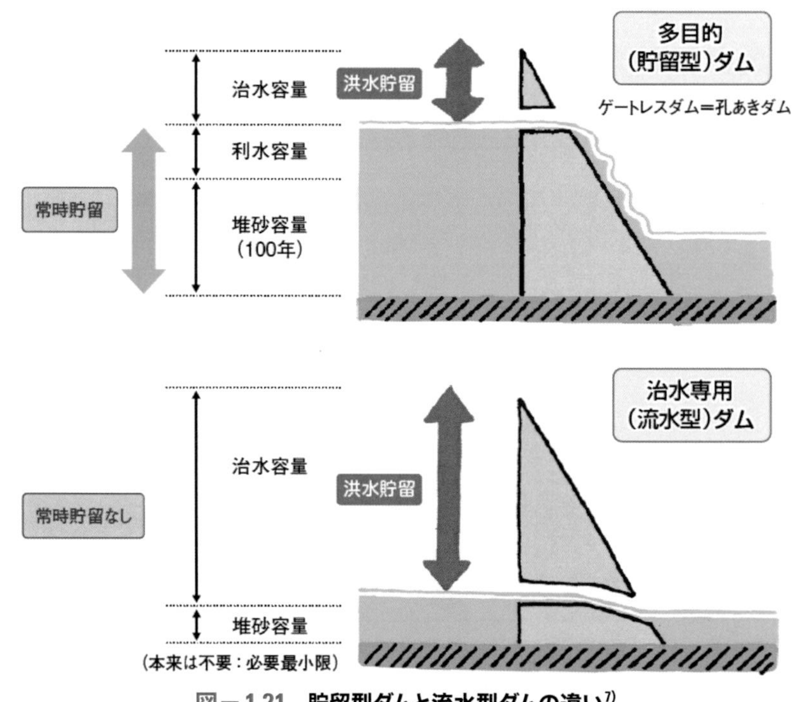

図－1.21　貯留型ダムと流水型ダムの違い[7]

1.5　ダムの役割

「ダムの目的」については、1.4.2で概説しているが、ここでは各目的について具体的な役割を少し詳しく説明する。

1.5.1　洪水調節[1]

洪水時に上流からの河川流量をダムで調節し、下流の河川流量を低減させ洪水被害の軽減を図る。ダムによる洪水調節は、下流部の河川の改修効果とともに、洪水防御を行う極めて有効な治水対策である。ダムの洪水調節効果のイメージを図－1.22に示す[11]。

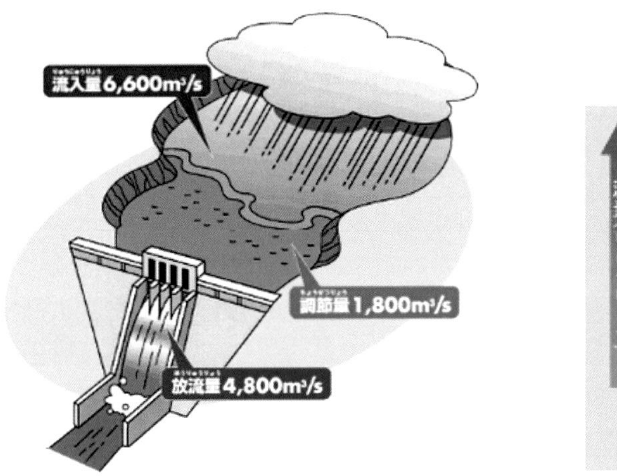

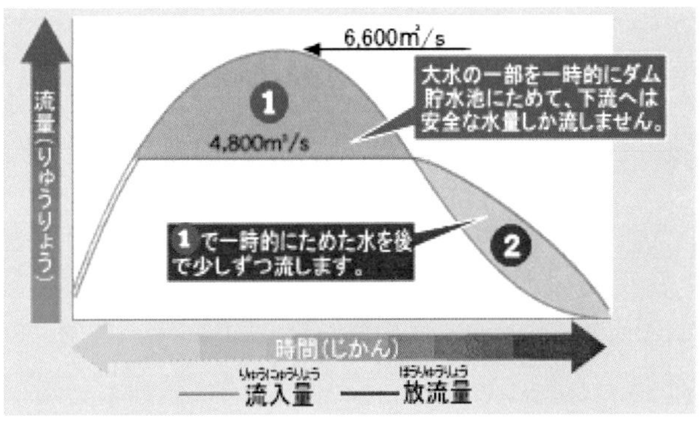

図－1.22 ダムの洪水調節効果のイメージ[11)]

なお、ダムの洪水調節効果を示す具体的な事例は、国土交通省のホームページ[12)]などに紹介されているので適宜参照されたい。

また、近年、気候変動による外力の増大や豪雨の頻度の増加、降雨パターンの変化は、少しずつ着実に進行し、既にその影響は集中豪雨、台風による被害の増大という形で顕在化しつつある。このような状況に中で、ダムの果たすべき役割はますます大きくなってきている[13)]。

1.5.2 流水の正常な機能の維持[1)]

本来河川が有している機能（舟運、漁業、観光、塩害防止、河口閉塞の防止、河川管理施設の保護、地下水の維持、動植物の保護、流水の清潔の保持、既得用水等の安定取水）を正常に維持するために、渇水時においてもダムからの流水の補給を行い、これらの機能の維持を図っている。

1.5.3 都市用水、灌漑用水の開発及び発電[1)]

ダムは、社会の発展に伴って増加する都市用水（水道用水、工業用水）、農業用の灌漑用水等を供給するとともに、エネルギー需要に対応してクリーンエネルギーである水力発電を行っている。

ダムによって、河川の流量が豊かな時には水を貯留し、必要な流量が不足している時には水を供給して、年間を通して安定的に利用できる流量を増加させることで、新たな水資源の開発を行うことができる（図－1.23参照）。なお、ダム等の整備による渇

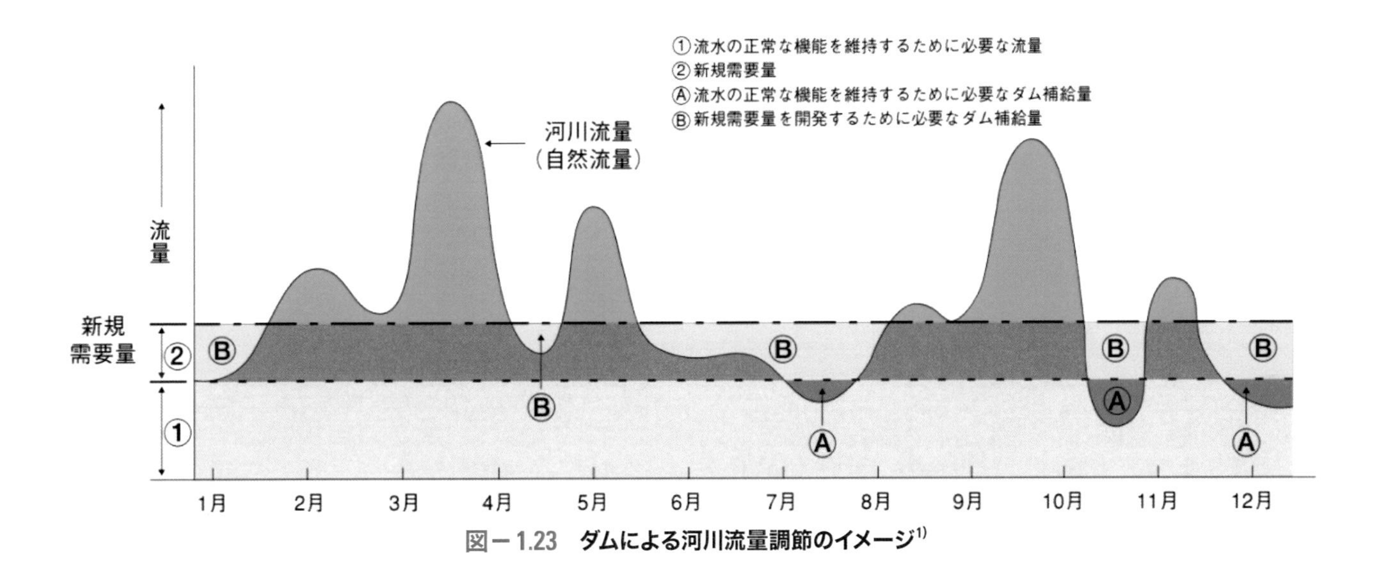

図－1.23 ダムによる河川流量調節のイメージ[1)]

水時の効果発現事例については文献1）などを参照されたい。

また、前述したように、水力発電はCO_2を発生させない地球環境にやさしいクリーンエネルギーであるとともに、2011年の東北地方太平洋沖地震以降、発電電力量に占める原子力発電の割合が減少する状況下において重要な電力となっている。

図－1.24に示す、わが国の発電電力量の構成比からは、2005年度時点で、総発電電力量の7.5％を水力発電により産出していることがわかる。なお、東北地方太平洋沖地震が2011年に発生しているため、それ以降のデータ[14)]によると、2017年度では、水力発電が占める割合は８％と大きく変わらないが、原子力発電が３％と大きく減少するとともに、この減少を「地熱及び新エネルギー」と「天然ガス」による発電が補填している。いずれにしても、今後も水力発電の発電全体における重要性はますます高まっていくものと考えられる。

1.5.4　自然環境の保全と創出[1)]

洪水被害から人々の生活を守り、飲み水などを確保するためのダム等の事業を進めるにあたって、自然環境への影響（①大気質、騒音、振動、水質、地形及び地質、②景観、人と自然とのふれあいの活動の場、③動物、植物、生態系、④廃棄物等）を評価し、環境影響を回避・低減するために必要な環境保全対策を実施している。

また、事業実施中や運用開始後においてモニタリングやフォローアップも実施することとしている。

1.5.5　レクリエーション・観光の場の創出[9)]

ダム建設によって創出される新たな環境（巨大な構造物としてのダム本体、貯水池という人造湖、及び周辺の自然環境）が人々に憩いの空間を提供し、また、地域に観光資源を提供しており、これが従属的ではあるがダムの役割の一つと考えられる。な

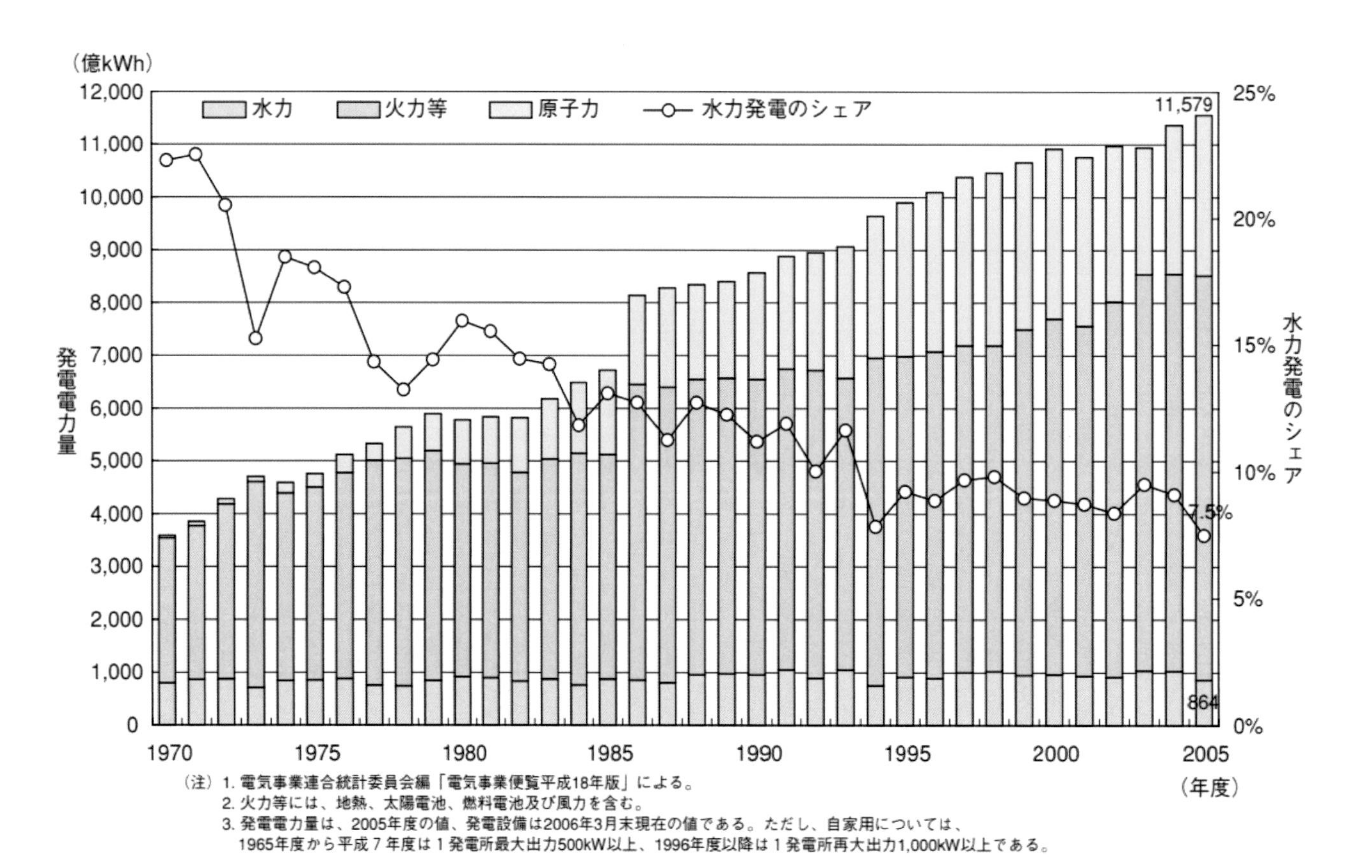

（注）1. 電気事業連合統計委員会編「電気事業便覧平成18年版」による。
2. 火力等には、地熱、太陽電池、燃料電池及び風力を含む。
3. 発電電力量は、2005年度の値、発電設備は2006年3月末現在の値である。ただし、自家用については、1965年度から平成７年度は１発電所最大出力500kW以上、1996年度以降は１発電所再大出力1,000kW以上である。

図－1.24　発電電力の推移[1)]

お、米国ではダム湖のレクリエーション利用がダムの目的の一つとなっており、積極的な利用が行われている。

観光資源という観点からは、例えば、神奈川県の宮ヶ瀬ダム（国土交通省関東地方整備局、相模川水系中津川）では隔週日曜日の観光放流実施やダム内部の開放、公園整備を行い年間100万人以上の観光地に成長している。また、群馬県の八ッ場ダム（国土交通省関東地方整備局：利根川水系吾妻川）のダム本体工事を観光資源として捉えたとダムツアーにより多くの観光客を集めた[15]。このことから、ダムは完成後だけでなく建設中から魅力的な観光資源になることがわかる。

また、平成19年には、国土交通省及び水資源機構管理ダムについて、ダム理解促進のため、ダム訪問者へのダムカード（図－1.25参照）の配布が始まった[16]。ダムカードは、国土交通省と水資源機構の管理するダムのほか、一部の都道府県や発電事業者の管理するダムでも作成され、ダムの管理事務所やその周辺施設で配布しており、令和２年２月現在、ダムカードを配するダムは全国で約700ヵ所に達している。このため、現在では、「ダムカード」はひそかなブームとなっており、人々にダムの役割や魅力を伝える効果的な広報手段の一つとして注目されている。

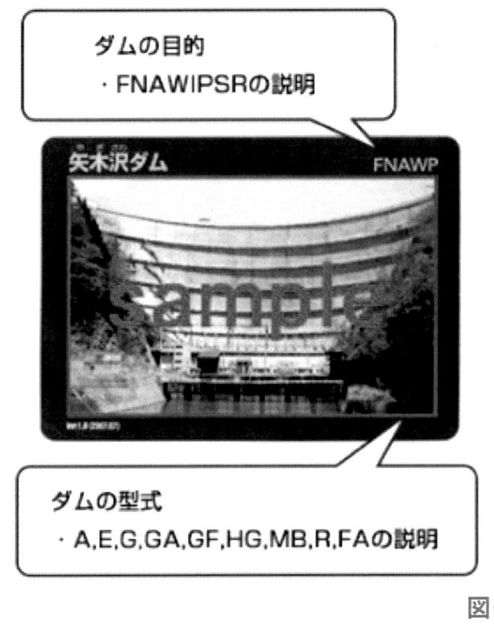

図－1.25　ダムカードの例[16]

参考文献

1) 国土交通省水管理・国土保全局：目で見るダム事業 2007, http://www.mlit.go.jp/river/pamphlet_jirei/dam/gaiyou/panf/dam2007/index.html
2) 国土交通省水管理・国土保全局：ダムの必要性と効果について, http://www.mlit.go.jp/river/pamphlet_jirei/dam/gaiyou/panf/damu/index.html
3) 国土交通省水管理・国土保全局：平成 27 年 9 月関東・東北豪雨に係る被害及び復旧状況等について, http://www.mlit.go.jp/common/001105761.pdf, 平成 27 年 10 月.
4) 国土交通省水管理・国土保全局防災課：平成 28 年度の災害について, http://www.mlit.go.jp/river/shinngikai_blog/shaseishin/kasenbunkakai/bunkakai/dai54kai/siryou4.pdf, 平成 29 年 6 月.
5) 国土交通省：平成 30 年 7 月豪雨における被害等の概要, https://www.mlit.go.jp/common/001256692.pdf, 平成 30 年 9 月.
6) 国土交通省関東地方整備局：社会資本整備首都圏の水資源状況について利根川水系, https://www.ktr.mlit.go.jp/river/shihon/river_shihon00000111.html
7) 一般社団法人ダム工学会近畿・中部ワーキンググループ：ダムの科学, p.14, p.16, p.207, 2012 年 11 月.
8) Japan Commission on Large Dams : Dams in Japan - Past, Present and Future -, CRC Press/Balkema, 2008.
9) 一般社団法人ダム工学会：これからの成熟社会を支えるダム貯水池の課題検討委員会報告書ーこれからの百年を支えるダムの課題ー（計画・運用・管理面), p.2-2, 平成 28 年 11 月.
10) 国土交通省北海道開発局旭川開発建設部：サンルダム 台形 CSG 広報によるコスト縮減, https://www.hkd.mlit.go.jp/as/tisui/ho928l0000005htl.html
11) 国土交通省中部地方整備局丸山ダム管理支所：丸山ダムの役割, https://www.cbr.mlit.go.jp/maruyama/syoukai/yakuwari/yakuwari.html
12) 国土交通省水管理・国土保全局：平成 25 年ダムの洪水調節実施状況について, http://www.mlit.go.jp/river/pamphlet_jirei/dam/pdf/h2601kouka.pdf
13) 例えば, 異常豪雨の頻発化に備えたダムの洪水調節機能に関する検討会：異常豪雨の頻発化に備えたダムの洪水調節機能と情報の充実に向けて（提言), 平成 30 年 12 月.
14) 一般財団法人日本原子力文化財団：電源別発受電電力量の推移, https://www.ene100.jp/zumen/1-2-7
15) 河合航平：八ッ場ダム観光プロジェクト「やんばツアーズ」について, https://www.ktr.mlit.go.jp/ktrcontent/content/000676489.pdf
16) 国土交通省水管理・国土保全局：ダムカード, http://www.mlit.go.jp/river/kankyo/campaign/shunnkan/damcard.html

第2章

世界のダムと歴史

第2章 世界のダムと歴史

本章では、導入部として、人間にとっての水の大切さについて概説した後、我が国と世界のダムの特徴について説明する。ダムにより形成される貯水池の規模が、我が国と世界のダムで大きく異なっていること、またこれは日本の河川の勾配が急峻であることなどが原因であることについて説明する。

続いて、我が国と世界のダムの歴史について簡単に紹介するとともに、我が国のダム技術の変遷について紹介する。

2.1 水の大切さ

人間や動植物にとって「水」はなくてはならない必需品である。このため、太古の昔から人は水が容易に手に入る川辺等に住み着いてきた。地球上の水の大半は海水として存在しており、人間が比較的利用しやすい水の大半は地下水である。**図－2.1**、**2**に示すように、地表に存在する河川・湖沼水は地球上の水のわずか0.01％程度であり、この水を人は農業用水、都市用水（生活用水、工業用水）として使用している。即ち、人間、生物にとって大切な真水は地球上にはほんのわずかしか存在していないことになる。このため、どうしても「水」が容易に入手できる場所を住みかとして利用することが重要となる。

人間が必要とするこのように貴重な「水」は、時代とともに変化しており、人口の増大、地球の気候変動や季節の変動の影響を受けている。しかし、技術革新の恩恵も受けることができる場合がある。地

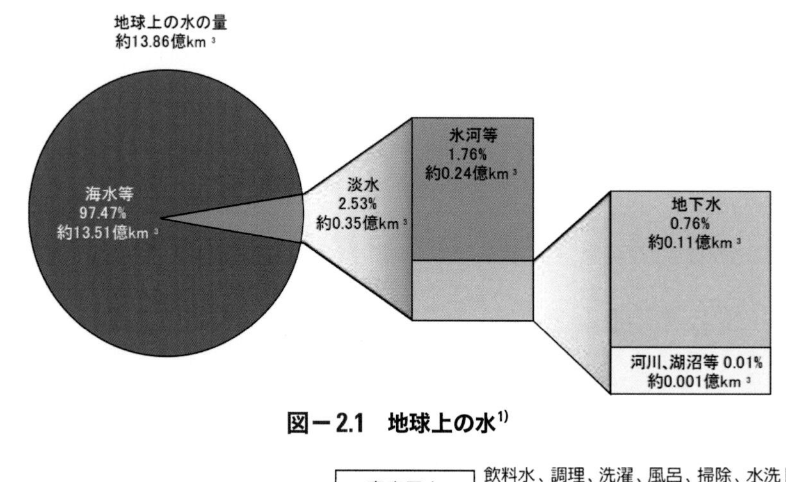

図－2.1 地球上の水[1)]

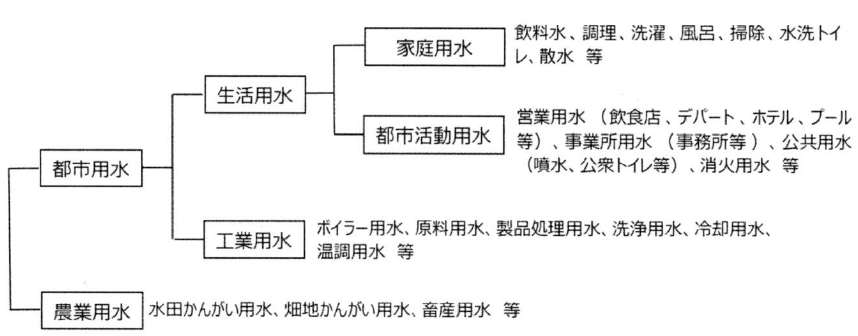

図－2.2 水使用形態の区分[1)]

球上の地域によっては水の確保がなかなか容易ではない場所において、人間にとってより簡便に水を入手する方法として新しい技術が活用されている。その技術の一つとして利用されているのが「ダム」や「河川堤防」の建設である。我が国においては水稲の育成のためには「水」が必要不可欠であり、人々が生活するためには安全な飲料水や、不要になった汚染水を処理する下水道などが必要不可欠なものとなっている。これらの要求事項を実現する方法としてダム、上水道や下水道が作られたということがいえる。

2.2　日本と世界のダムの特徴

「第１章」でも説明したように、世界の河川と日本の河川は次のような点で大きな違いがある。即ち、日本の川は１）諸外国に比べ急勾配、２）山間部では、河川幅も狭い。さらに**表－2.1**および**表－2.2**に示すように日本のダムの総貯水容量は諸外国のダムと比較して極めて小さい。日本と世界のダムの総貯水容量上位10基を比較すると明らかなように、世界のダムは日本のダムと比較して100倍以上の貯水量の違いがある。

その違いがよくわかるのは、例えば米国のアリゾナ州とネバダ州の州境に位置するコロラド川のブラック峡谷にあるフーバーダムはその総貯水容量は400億 m^3 であり、日本のダム全て（約2 700基）の総貯水容量を加え合わせた水量222億 m^3 をはるかに超えていることからも容易に理解できる。

2.3　世界のダムの歴史

図－2.3に示すように、世界の文明発祥の地であるエジプト、メソポタミヤ、インダス、黄河の四大文明発祥の地は人類にとって大切な生存可能な地域

表－2.1　世界のダムの総貯水容量上位10基[2)]**を参考に編集**

順位	総貯水容量（百万 m^3）	ダム名	国名	型式	備考
1	180,600	Kariba	ジンバブエ・ザンビア	アーチ	
2	169,000	Bratsk	ロシア	重力式コンクリート	
3	162,000	Aswan High	エジプト	ロックフィル	
4	150,000	Akosombo	ガーナ	ロックフィル	
5	141,851	Daniel Johnson	カナダ	マルティプルアーチ	
6	135,000	Guri	ベネズエラ	重力式コンクリート／ロックフィル／アース	
7	126,210	Long tan	中国	重力式コンクリート	未完成
8	74,300	Bennett, W.A.C	カナダ	アース	
9	73,300	Krasnoyarsk	ロシア	重力式コンクリート	
10	68,400	Zeya	ロシア	バットレス	

表－2.2　日本のダムの総貯水容量上位10基[3)]

順位	総貯水容量（百万 m^3）	ダム名	県名	型式
1	660	徳山	岐阜	ロックフィル
2	601	奥只見	新潟・福島	重力式コンクリート
3	494	田子倉	福島	重力式コンクリート
4	427	夕張シューパロ	北海道	重力式コンクリート
5	370	御母衣	岐阜	ロックフィル
6	353	九頭竜	福井	ロックフィル
7	338	池原	奈良	アーチ
8	326	佐久間	静岡・愛知	重力式コンクリート
9	316	早明浦	高知	重力式コンクリート
10	261	一ツ瀬	宮崎	アーチ

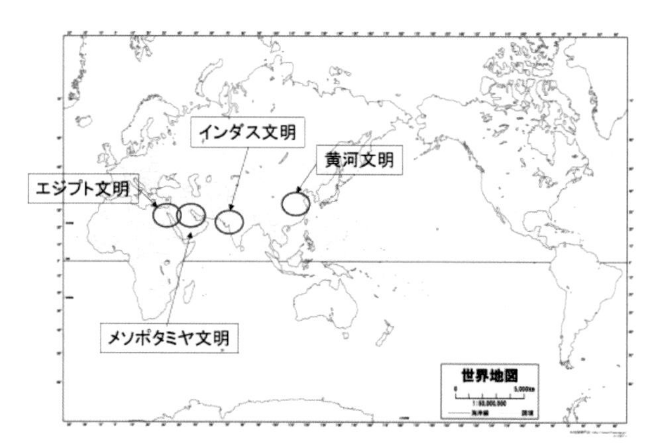

図－2.3　世界四大文明の発祥地

である。これらはいずれも温暖であると同時に近くに水量の豊富なナイル川、チグリスユーフラテス川、インダス川、黄河があり、これらの川の水を利用することができたからである。文明が発展したこれらの4地域は、いずれも乾燥地帯で、水をコントロールすることで農耕牧畜を可能にした。さらに、農耕技術の改良とともに生産性を向上させ、多くの人を安定的に養うことで文明を発展させ、国家を形成した。事実、ため地でもエジプトやシリアにおいて古いダムの遺跡等が残っている。安定的な農業生産、人口増加、その飲料水の確保、さらに治水というように、水のコントロールは必要不可欠となり、ダムが建設され始めたものと考えられる。

2.4　日本のダムの歴史

日本の場合には、世界の大河と比較するとはるかに短い河川しかないが、何本もの河川があるために種々の河川を利用することができ、その川辺で生活をすることができた。しかし、川辺に住む人が多くなってくると必要な水が全員にいきわたるとは限らなくなってくる。特に日本の場合には島国であり、河川の長さもそれほど長いわけではないため、農作物の育成等は場所によっては難しくなってくる。

日本では奈良時代以降になると水稲を主たる作物として育て、これを食料として食するばかりでなく、年貢として納めるようになってきた。このため、灌漑に必要な水は不可欠となり、季節により著しく水量の変化する河川水では不十分になる場合も生じることになった。結果的に、水稲を育てることに必要な水の供給が重要になり、各地に「ため池」等が建設された。これが我が国のダムの発祥といえる。我が国のダムの歴史の概略を**図－2.4**にまとめておく。日本最古の灌漑用ため池は**図－2.5**に示す大阪の「狭山池」であり、その後香川県の「満濃池」なども構築されている。

明治時代になると西洋の文化が我が国に多数取り入れられるようになった。新しい技術としては、ダムの建設技術および新しい材料であるコンクリートやアスファルトコンクリートである。ダムは明治時代以前にはほとんど農業用水を利用することが目的であった。**図－2.6**の目的別ダムのシェアを見るとこのことがよくわかる。しかし、都市が大きくなると住民の数も著しく大きくなり飲み水等に必要な上

500
616　大阪で狭山池が建設
821　香川県まんのう町で満濃池が改修
1000
1128　大和で大門池（奈良県）が建設
1202　狭山池、重源の総指揮の下で大改修
1500
1582　羽柴秀吉、備中国高松城攻略で足守川を堰き止め（高松城水攻め）
西洋文化
1891　日本最初の水道専用ダム、本河内高部ダムが長崎市に完成
1900　日本最初の重力式コンクリートダム、布引五本松ダムが建設（神戸）
1912　日本初の発電専用コンクリートダム、黒部ダム（栃木県）が建設
1952　日本最初のロックフィルダムである小渕ダム（久々利川）が完成
2000

図－2.4　日本のダムの歴史（概略）

図－2.5　狭山池ダム（大阪府）[4]

水道の整備も不可欠となる。東京の場合を例にとると、江戸時代以降、玉川上水道などを建設するばかりでなく人口が増大しても対応可能な良質の飲料水が供給可能な貯水池、ダムが必要になった。このため**図－2.6**に示すように良質の上水を供給する目的のダムが建設されるようになった。その結果、農業用ダム、上水道・工業用水ダムの建設が行われるようになった。

さらに、諸外国並みに我が国を発展させるためには、産業の育成が不可欠であり、我が国の工業化を推し進めるためには、工業に必要なエネルギーを賄うことが重要になった。このため**図－2.7**に示すように、ダムに貯留した水を利用して行うことのできる発電用ダムの建設が注目され、その結果、西洋から学んだコンクリート技術を利用した発電用ダムが多数建設された。**図－2.8**に示すように、映画で有名な「黒部の太陽」で対象となった黒部ダム（別名：

黒部ダム
写真：ダム便覧[7)]

映画『黒部の太陽』のポスター
写真：三船プロダクション
石原音楽出版社[8)]

図－2.8　黒部ダムと映画「黒部の太陽」[7),8)]

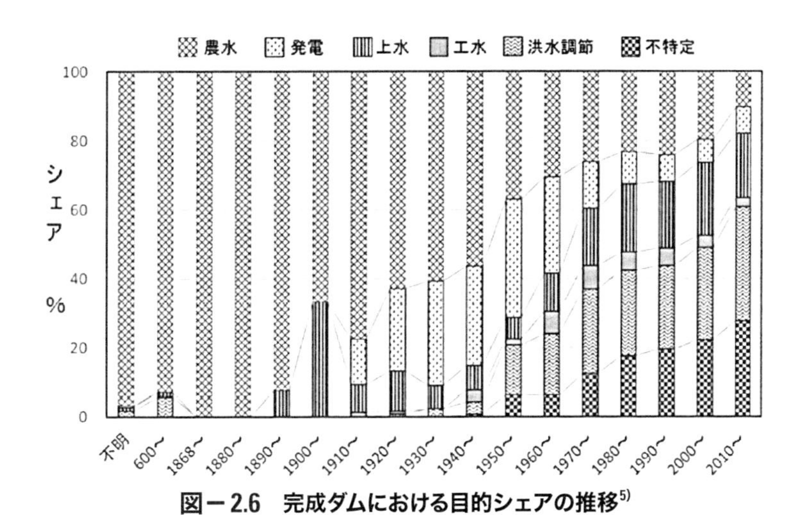

図－2.6　完成ダムにおける目的シェアの推移[5)]

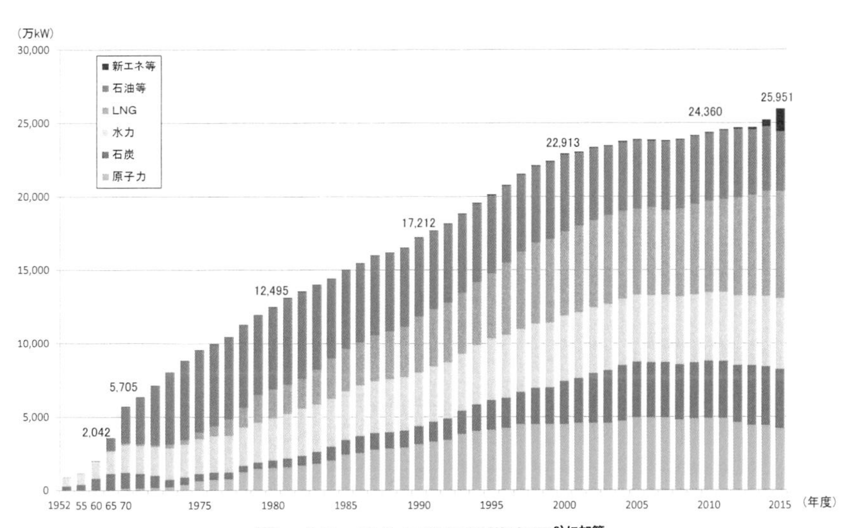

図－2.7　日本の発電設備容量[6)]に加筆

黒四ダム）も関西電力が建設した発電用アーチ式コンクリートダムが舞台となっている。

ダムは利水目的以外にも災害を防ぎ、洪水を防止する上でも非常に重要な構造物である。日本の場合は他の先進諸国とは異なり、河川の勾配が著しく大きく流れが速いばかりでなく、河川の氾濫区域内に多くの住居が存在している。このため台風等による雨量が多いと洪水が発生しやすい。これらのことからダムの重要な目的である洪水防止を目的とするダムであっても洪水発生時期を除けば貯留する水を利用することができる。このため、利水ばかりでなく、洪水防止にも重要な役割を果たすダムとして多目的ダムが建設されるようになった。

図－2.9に示すように、第２次世界大戦後は台風等による多くの水害が発生したことから、洪水調節用のダムが多数建設された。

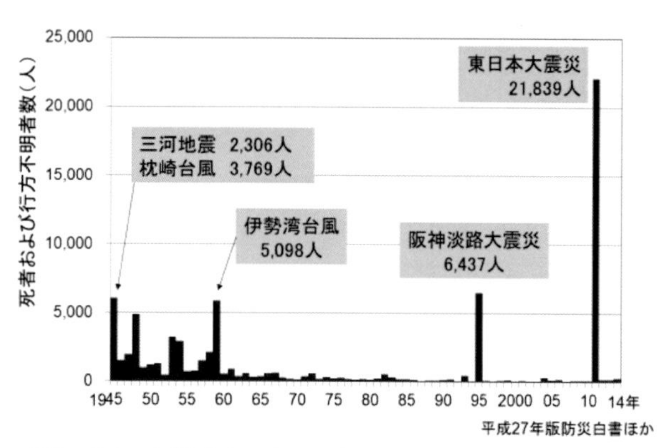

図－2.9　自然災害による死者および行方不明者（1945年-2014年）[9]

2.5　日本のダムの建設技術の変遷

日本のダムは様々な型式のものがあるが、**図－2.10**に示すように1900年以前はため池も含め、そのほとんどがアースダムであった。その後ロックフィルダムも建設されているが、明治時代以降はコンクリートを利用したダムが多い。フィルダムでは遮水壁をどのように設けるかで異なった種類となるが、最も一般的なものはほぼ均一な土質材料で遮水壁が構成されるアースダムである。ロックフィルダムの場合にはより高さの高いダムを建設することができ、内部土質遮水壁ロックフィルダム（ゾーン型フィルダム）や表面遮水壁型ロックフィルダムがある（**図－2.11**参照）。

1900年以降は、重力式コンクリートダムが多く建設された。1900年に神戸市水道局が布引五本松ダムを建設したのが日本最初の重力式コンクリートダムである。それまでアースダムしか建設されなかった日本においてコンクリートダム建設技術が導入された画期的な出来事であるといえる。重力式コンクリートダムは、既に100年の歴史を持っており、1400年の歴史を持つフィルダムに比べて歴史は短いが、短期間に飛躍的に建設技術が発展し、最も数多くつくられている。さらに良質の地盤があるところではその他の型式のコンクリートダムも建設

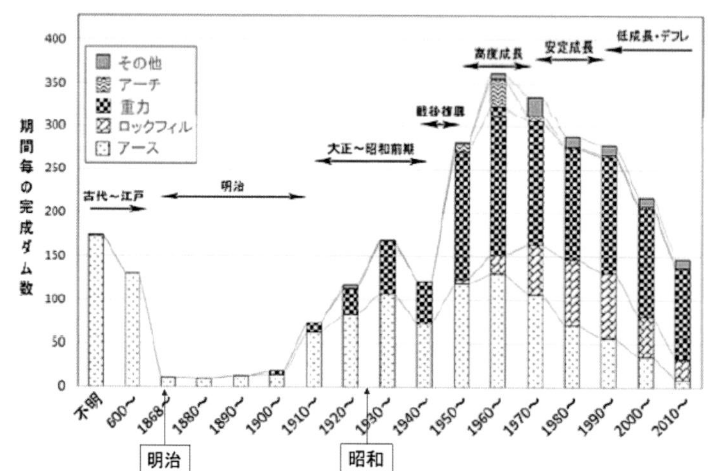

出典：浜口達雄「我が国近代以降におけるダム貯水池建設の展開」日本河川協会　河川　2015年9月

図－2.10　時期別，ダム型式別にみた完成ダム数の推移[5]

されているが、1952年には我が国初のアーチ式コンクリートダムである三成ダムが完成した（**図－2.12**参照）。

第二次世界大戦後まもなくは大型台風による被害が頻発した時期でもあり、洪水調節も目的とした多目的ダムの建設も進んだ。また、このような社会の要請と大型機械化の普及により大型ダム建設はさらに加速し、堤高150mを超えるダムが建設されるようになった。

現在はより経済的に現場で入手容易な材料を利用した台形CSG（Cemented Sand and Gravel）ダムなども建設されるようになっている。

➢***アースダム（均一型フィルダム）***
古来よりアースダムは経験則に従って建設
19世紀～20世紀初頭
- 高含水比の粘土を使用したダムを建設（英国）
- 水締め工法によるダムを建設（米国）

20世紀初頭～20世紀半ば
- 水締め式ダムに代わり、土質材料を転圧したダムが主流となる
- 設計理論の発達

➢***表面遮水壁ロックフィルダム***
19世紀半ば
- 遮水壁に木材を用いた表面遮水壁型ロックフィルダムを建設（米国）

20世紀初頭～
- 鋼材や鉄筋コンクリートを適用することにより遮水壁の耐久性を向上
- 施工機械の発達も加わり表面遮水壁型のダムは急速に発達

➢***内部遮水壁ロックフィルダム（ゾーン型フィルダム）***
■上記のダムにおける以下の問題から発達
・岩石主体の大規模な表面遮水壁型ダムで築堤後の沈下により表面遮水壁に亀裂が生じる可能性ある
・土質材料を主体のダムで土質材料の強度が岩石に比べ小さい、堤体内浸透
■現在の主流の型式であり、ほとんどの中～大規模ロックフィルダムで採用

図－2.11　フィルダムの建設技術の変遷

図－2.12　我が国初のアーチ式コンクリートダムである三成ダム（島根県）[10)]

参考文献

1）国土交通省：令和元年版　日本の水資源の現況，http://www.mlit.go.jp/mizukokudo/mizsei/mizukokudomizseitk2000027.html
2）World Register of Dams 2003, Water Power & Dam Construction Yearbook 2003，他.
3）財団法人日本ダム協会：ダム年鑑 2007，平成 19 年.
4）一般財団法人日本ダム協会：ダム便覧 狭山池ダム（再），http://damnet.or.jp/cgi-bin/binranA/All.cgi?db4=1440
5）浜口達雄：我が国近代化以降におけるダム貯水池建設の展開，河川，830 号，日本河川協会，pp.4-8，2015 年 9 月.
6）経済産業省資源エネルギー庁：平成 28 年度エネルギーに関する年次報告（エネルギー白書 2017），https://www.enecho.meti.go.jp/about/whitepaper/2017html/，平成 29 年 6 月.
7）一般財団法人日本ダム協会：ダム便覧 黒部ダム，http://damnet.or.jp/cgi-bin/binranA/All.cgi?db=0848
8）三船プロダクション / 石原音楽出版社：http://www.ishihara-m.co.jp/
9）内閣府：平成 27 年版　防災白書附属資料 8 自然災害における死者・行方不明者数，http://www.bousai-go.jp/kaigirep/hakusho/h27/honbun/3b_6s_08_00.html，平成 27 年 6 月.
10）一般財団法人日本ダム協会：ダム便覧 三成ダム，http://damnet.or.jp/cgi-bin/binranA/All.cgi?db4=1730

第3章

ダムの構造と特徴

第3章 ダムの構造と特徴

本章では、最初にダムの高さの決め方について概説する。次に我が国における建設数の多い重力式コンクリートダムおよびフィルダムについて、その構造と設計（安定計算）の概要を説明するとともに、新ダム型式である台形CSGダムの概要を紹介する。

本章の内容は、一般読者にも理解できる範囲で、極端に簡略化しない範囲で設計の要点は外さないよう留意している。より高度な設計を目指す技術者は、別途の専門書に取り組んで頂きたい。

3.1 ダムの高さの決め方

(1) ダム高の規定

ダムは、コンクリート、岩、土などを利用して、水を一時的に貯留するための大型の構造物の総称であり、我が国では「ダム高15m以上の貯留用河川構造物」と規定している。ダムの型式・構造の詳細な説明に入る前に、ダムの高さがどのようにして決まるかについて説明する。

現在、我が国のダムに関する構造基準は、「河川管理施設等構造令（昭和51年政令第199号）」において定められている。これは、法河川（一級河川、二級河川、準用河川）に設置される全てのダムに適用され、河川に設置する構造物の安全確保上必要最低限の基準を示したもので法的拘束力を持つ。ダムの高さは、河川管理施設等構造令に定められており、ダム堤頂部の標高から貯水池からの浸透を止水する位置での最低標高の高低差によって規定される（図－3.1参照）。なお、ダム堤頂部は、ダム天端（てんば）と通称されており、本文では「ダム天端」の表記を用いる。

(2) 貯水池計画水位とダム天端標高

図－3.2は治水および利水を目的に持つ多目的ダムの貯水池水位の一例である。

まず、ダム計画予定地点の地形図をもとに、洪水調節容量、利水容量および堆砂容量を配分して計画水位（最低水位、常時満水位、サーチャージ水位）を設定する。洪水調節が必要となる時期と利水の使用時期が異なっているケースでは、容量の一部を治水と利水とで共有する。洪水調節期間中に一時低下させておく水位を「制限水位」と呼ぶ。

これらダムに必要な容量を確保した水位に、洪水調節計画を超えダム地点で発生しうる最大規模の洪水流量（ダム設計洪水流量）が流入した場合の最高水位である「設計洪水位」を設定する。ダム天端は、

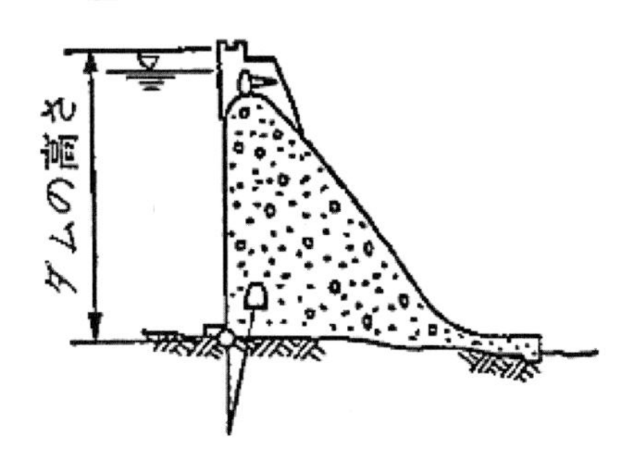

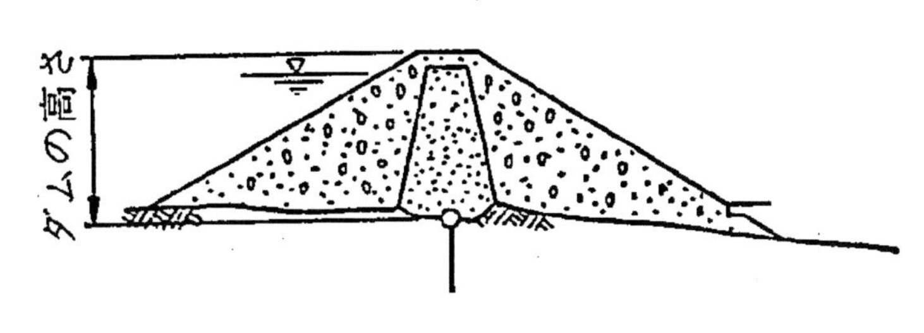

図－3.1　ダム高の定義[1)]

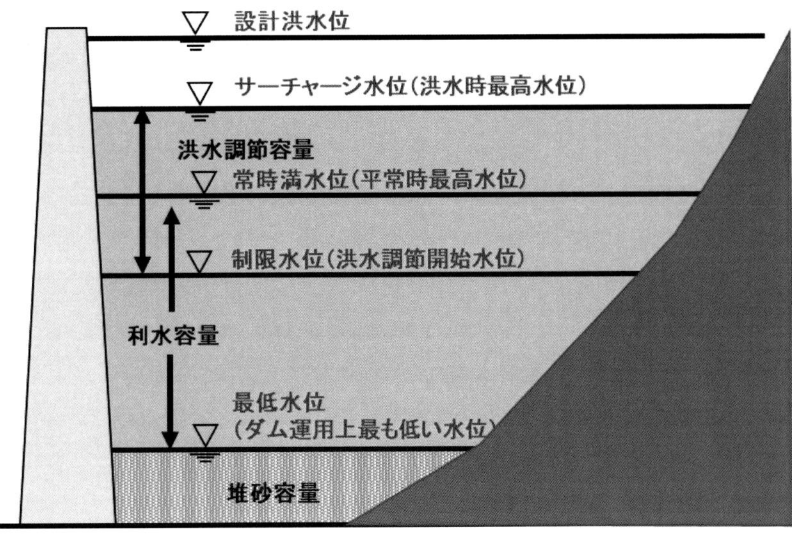

設計洪水位；洪水調節計画を超える洪水が生じた際の最高水位（これより上がらない水位）
サーチャージ水位（洪水時最高水位）；洪水調節計画で対象とする規模の洪水が生じた際に一時的に上昇する水位
常時満水位（平常時最高水位）；利水目的に使用する容量がたまった状態の水位。洪水調節時を除いた平常時の最高水位。
(洪水期) 制限水位；洪水期に洪水調節に必要な容量を確保するため下げておく水位。(常時満水位と一致させるダムもある。)
最低水位；ダムの運用で想定している最も低い水位。

図－3.2　**多目的ダムの貯水池計画水位の例**

常時満水位、サーチャージ水位、設計洪水位のそれぞれに安全のための余裕高を加え高さの最大値以上として設定する。

ダム天端からの溢水はダム堤体に損傷を及ぼす危険があるため、余裕のための付加高さも「河川管理施設等構造令第5条」で規定されている。コンクリートダムでは、貯水池の風波浪、地震時波浪などを考慮してダム天端の高さを設定し、フィルダムは堤体の越水に対する抵抗が小さいためさらに1m以上の高さを加えてダム天端の高さを設定する。

(3)　洪水調節容量とサーチャージ水位

第1章では、洪水調節について概説したが、ダムによる洪水調節量（カット量）は、氾濫防御地域の代表地点（治水基準地点）における「基本高水」と「計画高水」で決められる。

基本高水とは、治水計画で対象とする計画規模の降雨がそのまま河川に流れ込んだ場合の河川流量である。一方、計画高水は、ダム・河道を設計する場合に基本となる流量で、基本高水をダム等の洪水調節施設と河道に配分して求められる流量をいう。治水計画の対象とする洪水の計画規模は、大河川の場合150～200年に1回程度、中小河川では80～100年に1回程度の洪水とすることが多い。洪水調節容量の計算では、洪水時のダム流入波形（ハイドログラフ）が必要であるが、洪水時の実積降雨波形を計画雨量規模にまで引き延ばし、洪水流出モデルにより雨量を流量に変換して設定される。

基本高水および計画高水が定まると、ダムによる必要となる洪水調節流量が決まり、洪水調節に必要な容量は図－3.3に示すように「ダム流入量とダム放流量の差」の総量で算出される。

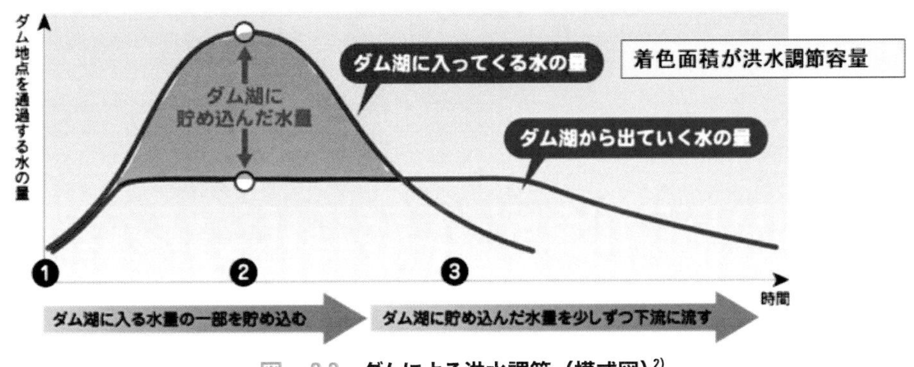

図－3.3　**ダムによる洪水調節（模式図）**[2)]

「サーチャージ水位」(洪水時最高水位) は、前記のように算出した洪水調節容量に対し、通常20%の余裕を見込んだ容量を確保する貯水池水位としている。

(4) 利水容量 (不特定利水と新規水資源開発) と常時満水位

都市活動には水が必須である。かつては井戸水の延長として地下水が使用されていたが、現在では大規模には取水できない。また、各地で地盤沈下を起こしたため取水が規制されている。河川を流れる水も農業用水や河川生態系維持のため必要な流量を確保する必要があり自由に取水することはできない。このためダムでは、河川水に余剰がある場合貯留しておき、渇水時において放流して河川維持に必要な流量 (不特定利水と呼ぶ) を安定して放流するとともに、水道用水や工業用水などの新規開発用水の水源として利用できるようにする。

ダムの利水容量は、基準となる補給地点を設定し、その地点において河川維持および新規用水流量が確保されるよう、ダムは水の多い期間にため込み水の少ない時期に補給するものとして水の収支計算を行って算定する (図－3.4参照)。

利水容量は、通常10年から20年程度の期間の連続計算を行い、10年間第1位もしくは20年間第2位 (利水安全度1／10) の渇水年に必要な容量で設定される。このように決定した利水容量を、ダム運用における最も低い貯水池水位 (最低水位) から上に確保した貯水池水位を「常時満水位」と呼ぶ。常時満水位は、洪水調節時を除いた平常時の最高水位である。

(5) 堆砂容量と最低水位

ダム完成後に貯水池に堆積する土砂量 (堆砂量) は予測が難しく、これまで建設されたダムには計画値と実績値が乖離しているものもある。しかしながら、ダムの建設数が増加し多くの堆砂実績が得られると、土砂生産基盤に関する影響因子 (地質、傾斜、植生、崩壊地面積率)、土砂運搬に関する影響因子 (降水量や平均河床勾配等) さらには貯水池捕捉に関する影響因子 (貯水池回転率) などが堆砂量に大きな影響を及ぼすことが明らかになってきた。現在は、ダム建設地点と同種または類似地質の近傍ダムの堆砂実績をもとに、これら影響因子のうち堆砂量と最も強い相関が認められる因子を抽出し、計画ダムに当てはめて補正した比堆砂量 (1年間の推定堆砂量を流域面積で除した値、単位は$m^3/km^2/$年) を求め、100年間の推定堆砂量を堆砂容量としている。

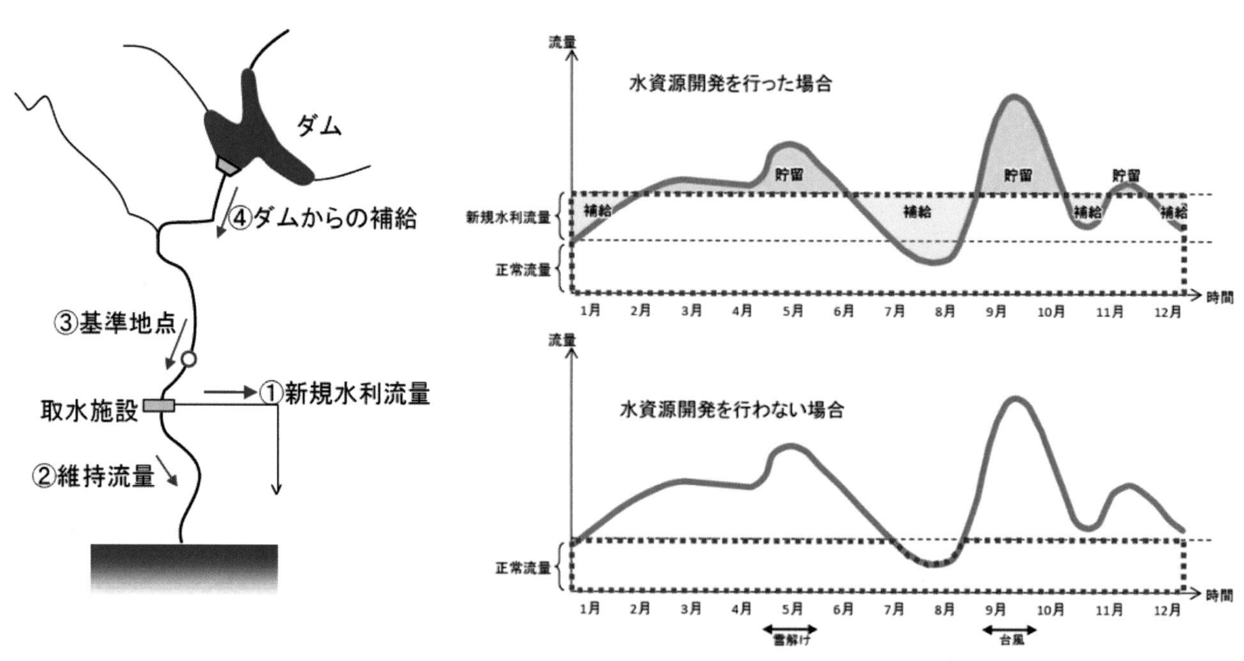

図－3.4　ダムによる利水補給と利水基準地点の河川流況 (模式図)[3)]

例えば、建設予定地の近傍にある複数のダムの比堆砂量と流域内の崩壊地面積率との相関が高い場合、その相関を近似した式に新設ダムの流域の崩壊地面積率を与えて計画比堆砂量を求める。

この堆砂容量が水平に堆積した場合を想定した貯水池水位を「計画堆砂位」と称す。また、ダム運用における最も低い水位であることから、「最低水位」と称すこともある。ただし、一部の発電用ダムでは、発電効率を高めるために堆砂容量に加えて、ダム運用で使用しない貯水容量（死水容量）を設けておき、計画堆砂位よりも高い標高にダム運用上の最低水位を設定している場合があるので、必ずしも計画堆砂位と最低水位は一致しない。

3.2　ダムの設計

3.2.1　構造基準

ダムの設計手法もダム高と同様に、「河川管理施設等構造令（昭和51年政令第199号）」によって定められている。なお、重力式・アーチ式コンクリートダムおよびフィルダム（表面遮水壁型ダムを除く）は河川管理施設等構造令により規定されているが、その他の特殊型式のダムは、河川管理施設等構造令73条第4号（適用除外）の「特殊な構造の河川管理施設等」として、コンクリートダム及びフィルダム（表面遮水壁型ダムを除く）と同等以上の安全性を有していることを条件として国土交通大臣の承認を受けて設計を行っている（大臣特認制度）。

3.2.2　重力式コンクリートダム

(1)　重力式コンクリートダムの安定条件

重力式コンクリートダムは、主にコンクリートを主要材料として使用し、コンクリートの重さを利用して、ダムの自重で水圧等の荷重を支えるのが特徴である。一般財団法人日本ダム協会のデータ[4]によれば、我が国で重力式コンクリートダムの建設が始まった1900年以降では最も多く建設されている型式である。

重力式コンクリートダムの安定条件は、図－3.5に示すように「転倒しない」、「滑動しない」、「壊れない」の3条件であり、19世紀末W.J.M Rankinによって提案されたものである。堤体に作用する荷重条件、安定計算方法、要求される安全率などについては、構造基準（河川管理施設等構造令および同施行規則）によって定められている。

(2)　重力式コンクリートダムの設計（安定計算）

1）設計荷重

安定計算は上下流方向の2次元断面で行う。横方向（ダム軸方向）の力の伝達は行われないものとする。ダムの安定計算で考慮する荷重は、図－3.6に示すように①堤体自重、②静水圧、③揚圧力、④堆泥圧、⑤地震時堤体慣性力、⑥地震時動水圧である。なお、貯水池表面を伝搬する波浪による圧力は、波浪高分を静水圧の一部として見込む。

2）転倒しない条件

これらの荷重を、図－3.7のように水平方向の総力（ΣH）と鉛直方向の総力（ΣV）に集計し、すべての荷重の合力の作用位置を計算する。合力の算定では、堤体コンクリートは、非常に堅いことから、全く変形しない物体（これを剛体と呼ぶ）であると仮定する。

転倒しない条件は、総水平力（ΣH）と総鉛直力（ΣV）による合力Rの作用点が堤体中央1/3以内になることと規定しており、これを「ミドルサード条件」と称す。

作用合力が堤体中央1/3以内にあるとき、実際に

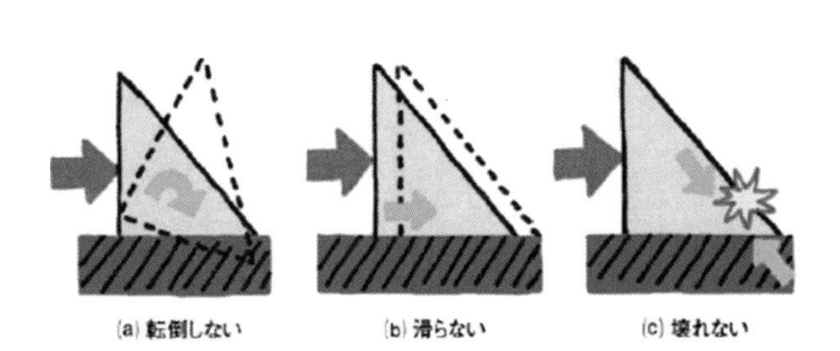

図－3.5　重力式コンクリートダムの安定条件[5]

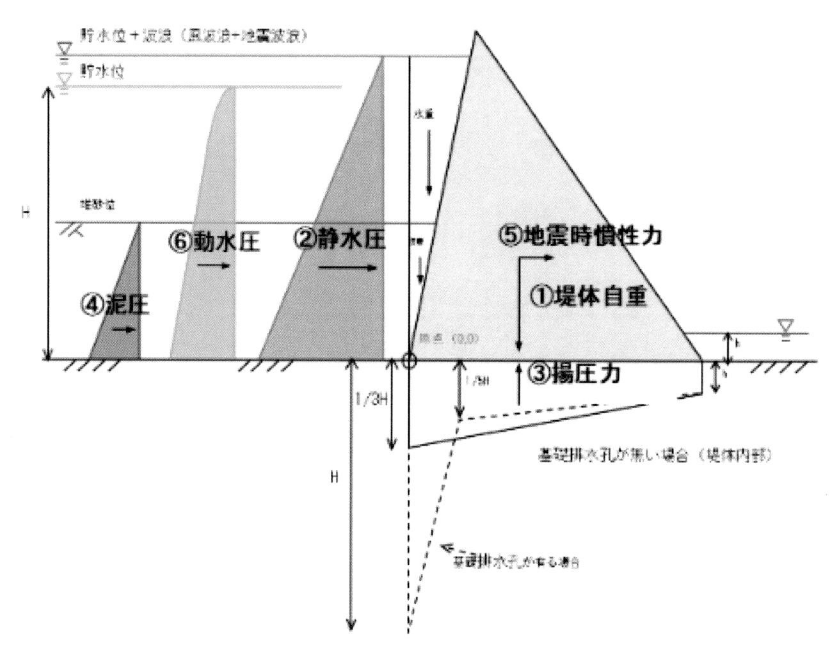

図－3.6　**重力式コンクリートダムに作用する荷重**

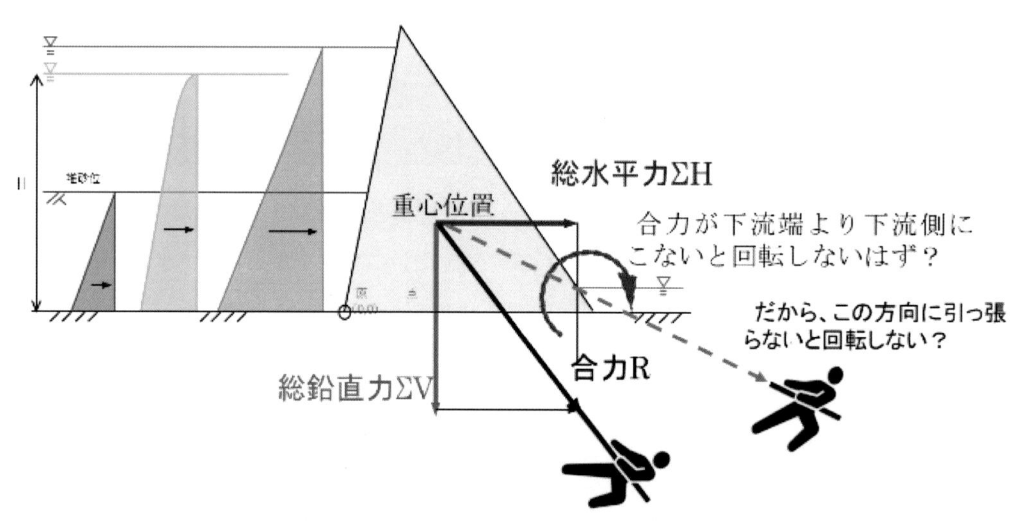

図－3.7　**重力式コンクリートダム転倒条件の概念図**

は堤趾を支点とした転倒モーメントは左回転（ダムを回転させせようとする方向とは逆）である。ミドルサード条件とは、ダム堤体の上流端付近の岩盤が浮き上がらないことを規定した安定条件であり、堤体の転倒に対してはある程度の余裕を持たせた条件であることに留意する。

以上から判るように、ミドルサード条件は力の大きさ（ダムの大きさ）で決まるのではなく、水平力と鉛直力の比から定まる。総水平力および総鉛直力とも、ほぼダム高の2乗に比例するため、水平力と鉛直力の比はダム高の大小によらず、ほぼ一定である（ΣH／ΣV＝0.7～0.8程度）。したがって、転倒しないための堤体形状は、ダムの大きさにかかわらず「ほぼ同じ三角形（相似形）」となる。一般的には、下流面の勾配は1：0.7～0.8程度、上流面の勾配は鉛直～1：0.1程度が採用されている。

3）滑動しないための条件

滑動条件は、図－3.8中に示す式で算出される「せん断摩擦安全率n」が4以上であることを条件とする。分母は総水平力（ΣH）であり、堤体を下流側に動かそうとする力、分子は水平力に抵抗する力で、左項（τ_0・L）は堤体底面のせん断強度による

1章
2章
3章
4章
5章
6章
7章
8章

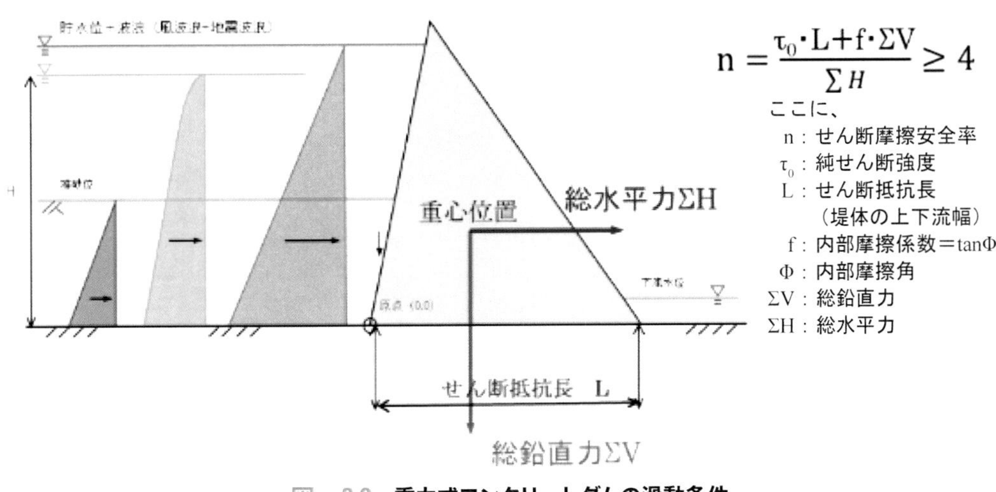

図－3.8　**重力式コンクリートダムの滑動条件**

抵抗、右項（f・ΣV）は総鉛直力による摩擦抵抗である。この式は、提案者の名前をとってHenny（ヘニー）の式と呼ばれる。

ΣV（鉛直力）とΣH（水平力）は、「ダム高の2乗にほぼ比例」する。一方、せん断抵抗長Lは、堤体の上下流幅であり、「ダム高に比例」する。したがって、岩盤のせん断強度が同じならば、せん断摩擦安全率はダム高が大きくなるほど小さくなる。言い換えると、ダム高が大きいほどせん断強度の大きい岩盤を基礎とする必要がある。

摩擦抵抗、せん断抵抗とも、堤体コンクリートと基礎岩盤の接着面の施工状況によって大きく変化する。岩盤表面に砂や泥がついていると抵抗力は低下するし、岩盤に浮石があっても低下する。堤体の着岩面部分はダム安定の要であり、設計時に見込んだ岩盤強度が発揮できるよう、施工者は慎重に清掃を実施し、河川法によってコンクリート打設前の岩盤の状態が適正であるかを「河川管理者」が確認・承認を行うことが定められている。

ミドルサード条件で設定した堤体形状では、所要のせん断摩擦安全率を満たす岩盤が得られない場合は、せん断抵抗長が長くなるよう図－3.9のように堤体の上流側に三角形断面を付加する。これを「フィレット」と呼ぶ。

かつて、地質の良好な基礎岩盤にダムを建設地点していた時代では、岩盤の強度はコンクリートを上回るため、ダム堤体形状はミドルサード条件で決まることが多かった。しかし、ダムが大型化するとともに、治水・利水の要求から大きな強度を有しない基礎岩盤にもダム建設を進めている現在では多くのダムでフィレットが採用されている。フィレットは、せん断抵抗長さを確保する目的であるため、フィレットの勾配を緩くするほうがコンクリート量を削減できると考えがちだが、前述のようにダムの安定計算ではダムの堤体は非常に堅く変形しないと仮定しているため、下流面勾配と同程度、または、それより急勾配にしている。

4）壊れないための条件

堤体内に生じる応力を計算し、これに安全率（河川管理施設等構造令では安全率4が用いられる）を乗じた値が、コンクリートの強度を超えないことを条件とする。

コンクリートの強度は、実際にダムで使用する良質な骨材を用いてコンクリートを作り計測して決定するが、通常ダムで使用するコンクリートであれば20～30N/mm^{2}程度の圧縮強度が得られるため、ダム高100mを超えるような大規模な重力式コンクリートダムでない限り、コンクリートの強度によって堤体基本断面形状が決定されることはないとされている。しかし言い換えれば、大規模なダムの場合は、コンクリートの強度に対する検討が重要になってくることを留意する必要がある。

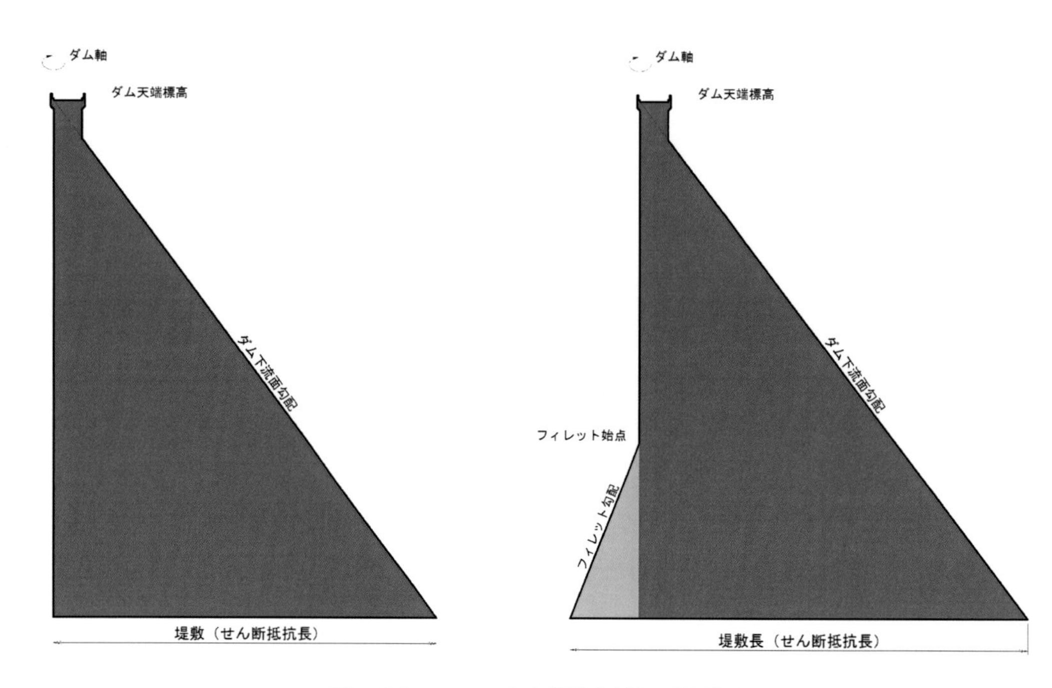

図－3.9　**フィレットを設けたダムの断面図**

3.2.3　フィルダム

(1)　フィルダムの分類

フィルダムは、人類が最初につくり始めたダムの型式であり、その歴史は紀元前2600年頃まで遡る。日本国内では7世紀前半の記録が残っており1400年の歴史を持つ。フィルダムは、堤体に使用する材料や構造によって大きく以下の3型式に大別される。

①　均一型フィルダム
②　ゾーン型フィルダム
③　表面遮水壁型フィルダム

なお、フィルダムの呼称の分類に、「ロックフィルダム」と「アースフィルダム（アースダムとも呼ぶ。）」という分類もあるが両者の境界は必ずしも明確ではない。海外では次の2種類で分類する傾向がある。

ロックフィルダム：粒径が比較的大きな岩石材料を築堤した場合
アースフィルダム：土質材料および土質材料＋岩石材料を築堤した場合

(2)　各フィルダム型式の特徴

それぞれの型式の特徴は表－3.1にまとめたとおりであるが、事例を紹介して各型式の特徴を説明する。

1）均一型フィルダム（アースフィルダム）

均一型フィルダムは、堤体の大部分を細粒分の多いシルト等の土質材料で築造され、貯水池からの遮水を行う。土質材料は岩石材料に比べて強度が小さく安定性が低いこと、地震に弱いことなどの課題があり、堤高の高いダムには適さないため、国内では高さ30m程度以下の小規模なものが多いが、農業かんがい用、水道用などでは堤高30mを超える規模のものも建設されている。

また、図－3.10は高さ37mのアースフィルダムの事例であるが、このように使用する土質材料の性状（透水性）に応じて堤体内のゾーニングが行われているものもある。

2）ゾーン型フィルダム（ロックフィルダム）

ゾーン型フィルダムは、岩石材料と土質材料を用いて築造される（図－3.11参照）。

堤体中央部には、土を材料として遮水を目的としたゾーンが設けられる（これをコアと呼ぶ）。上流面・下流面には、堤体の安定性を向上させるため、岩石を主材料とするゾーンが配置される（ロックゾーンと呼ぶ）。コアとロックゾーンの間には、コアの流れ出しを防止するため、土と岩石の中間の粒径を持つ材料を配置する（これをフィルターと呼ぶ）。

表－3.1　フィルダム型式の分類 [6] を加筆・修正

形　式	定義および構造	概要図
均一型フィルダム （アースフィルダム）	・堤体がほぼ1種類の細粒の土質材料で構成されている型式 ・排水のために堤体内部や堤趾付近にフィルターやドレーンを設置することが一般的	① 遮水材料 ② ドレーン
ゾーン型フィルダム （ロックフィルダム）	・透水ゾーン、半透水ゾーン、遮水ゾーンの3ゾーンより構成されている型式 ・規模の大きいフィルダムでこの型式を採用	① 透水性材料　② 半透水性材料 ③ 遮水材料
表面遮水壁型フィルダム （ロックフィルダム）	・堤体上流面に鉄筋コンクリートやアスファルトコンクリートなどの人工遮水材料による遮水壁を設置した型式 ・その背後に透水性材料を配置	① 人工遮水壁 ② 透水性材料

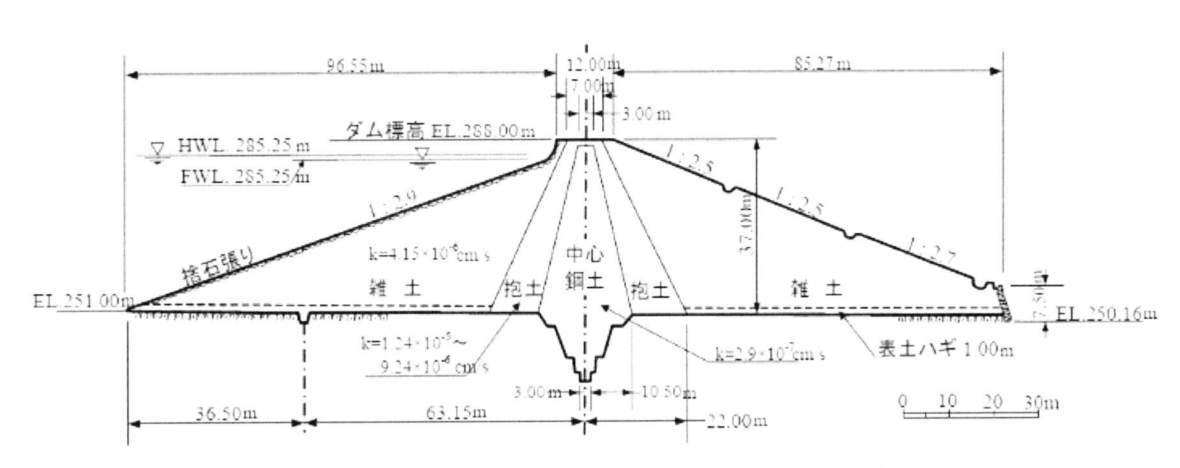

図－3.10　ゾーニングが行われているアースフィルダムの事例 [7]

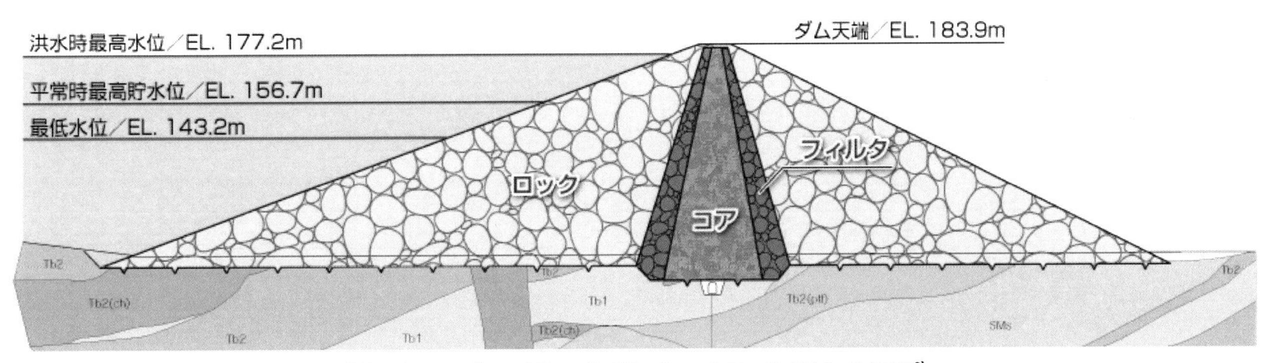

図－3.11　ゾーン型フィルダム（ロックフィルダム）の事例 [8]

3）表面遮水型フィルダム

表面遮水型フィルダムは、粒径の比較的大きな岩石材料を盛り立て、上流面にコンクリートやアスファルトなどの表面遮水壁を設けて堤体の遮水機能を担ったものである（図－3.12参照）。

均一型フィルダムやゾーン型フィルダム（ロックフィルダム）など堤体内部の土質材料で遮水する構造に対し，上流面で遮水するため堤体内部への浸透による間隙水圧（いわゆる浮力）が非常に小さいため、急勾配で盛立てられているのが特徴である。

(3)　フィルダムの設計

1）フィルダム設計の経緯

土や石で盛立てられたフィルダムは、盛立勾配を急にするほど崩落しやすくなる。また、河川堤防や山地斜面などで見られるように、堤体内部への浸透や集中豪雨が発生した時、また大規模な地震時などでは、斜面が不安定になり崩壊に至ることが懸念される。したがって、フィルダム堤体の安定性とは、貯水池からの浸透や地震時を含め、ダムの運用中に堤体が滑り破壊を生じないことを条件とする。

表－3.2は、これまでのフィルダム設計・建設の経緯をまとめたものである。すべり破壊を生じないための堤体断面形状の設定は、19世紀末頃まで長い期間の経験に基づき得られたノウハウに基づいて実施されていた。フィルダム設計理論が発達したのは20世紀初頭以降であり、施工、特に材料の締固め技術が発達し、堤体材料の物性のバラツキが少なくなるとともに設計手法も確立され、大規模フィルダムの建設が可能となっていった。

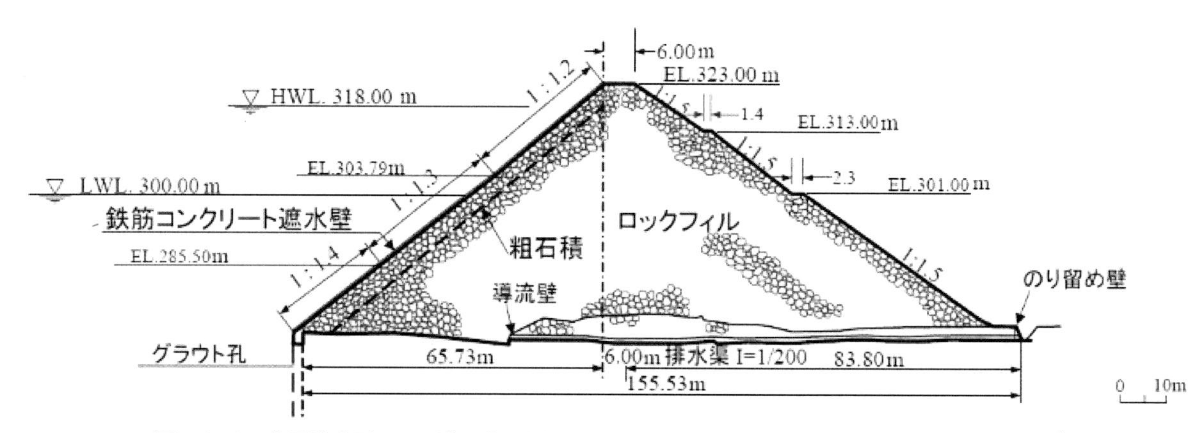

図－3.12　表面遮水型フィルダム（堤体主部は岩石材料で構築）の事例（石淵ダム　1953年）[9]

表－3.2　フィルダム設計・建設の経緯[6)を加筆・修正]

➢均一型フィルダム（アースフィルダム） 古来よりアースフィルダムは経験則に従って建設 19世紀～20世紀初頭 ・高含水比の粘土を使用したダムを建設（英国） ・水締め工法によるダムを建設（米国） 20世紀初頭～20世紀半ば ・水締め式ダムに代わり、土質材料を転圧したダムが主流となる ・設計理論の発達
➢表面遮水壁型フィルダム（ロックフィルダム） 19世紀半ば ・遮水壁に木材を用いた表面遮水壁型フィルダムを建設（米国） 20世紀初頭～ ・鋼材や鉄筋コンクリートを適用することにより遮水壁の耐久性を向上 ・施工機械の発達も加わり表面遮水壁型のダムは急速に発達
➢ゾーン型フィルダム（ロックフィルダム） ■上記のダムにおける以下の問題から発達 ・岩石主体の大規模な表面遮水壁型ダムで築堤後の沈下により表面遮水壁に亀裂が生じる可能性がある ・土質材料を主体のダムで土質材料の強度が岩石に比べ小さい、堤体内浸透 ■現在の主流の型式であり、ほとんどの中～大規模ロックフィルダムで採用

1章
2章
3章
4章
5章
6章
7章
8章

2）フィルダムの安定計算方法

構造基準においてフィルダムの安定は、堤体の内部、堤体と基礎岩盤の接合面およびその付近に想定されるすべりに対し、所要のすべり安全率を確保するよう規定されている。

なお、堤体と基礎岩盤の接合面およびその付近の直線的なすべりに対しては、1960年頃までは、重力式コンクリートダムのように堤体に作用する水圧を外力とした安定計算も構造基準[10]に規定されていたが、現在では以下で説明する堤体内部のすべりによって堤体形状が定まる（相対的にすべりに対する安全率が低い）ことから、岩盤との接触面をすべり面とした計算は行われていない。

堤体内部のすべりに対する安定計算は、すべろうとする堤体内部形状を円弧形状で近似して計算を行う「円形すべり面法」が用いられている。

円形すべりの計算法は、図－3.13のようにすべり面の形状を円形に仮定したすべり土塊を鉛直線で分割したスライスの有効質量とせん断強さ（粘着力と摩擦抵抗力）を用いて下式で安全率SFを算定する。分母がすべろうとする力、分子が堤体のせん断強さ（抵抗力）、安全率はそれらの比でSF≧1.2が構造基準によって規定されている。

$$SF = \frac{\sum\{cl + (N - U - N_e)\tan\phi\}}{\sum(T + T_e)}$$

ここに、

N：各スライス有効質量のすべり面の鉛直成分

T：各スライス有効質量のすべり面の接線成分

U：各スライスのすべり面に働く間隙水圧

N_e：各スライス有効質量のすべり面の地震時慣性力の鉛直成分

T_e：各スライス有効質量のすべり面の地震時慣性力の接線成分

ℓ：スライス底面、c：材料の粘着力

ϕ：材料の内部摩擦角

円形すべりによるフィルダム堤体の上・下流面勾配は、堤体材料の重量、強度（粘着力、内部摩擦角）に加えて、堤体内部の間隙水圧によって決まる。先に説明した重力式コンクリートダムの滑動条件では、貯水池の水圧を主な外力とし基礎岩盤のせん断摩擦強度によって抵抗するが、フィルダムの内部すべりでは、間隙水圧、すなわち堤体材料に作用する浮力を外力とし、堤体材料のせん断摩擦強度によって抵抗する。

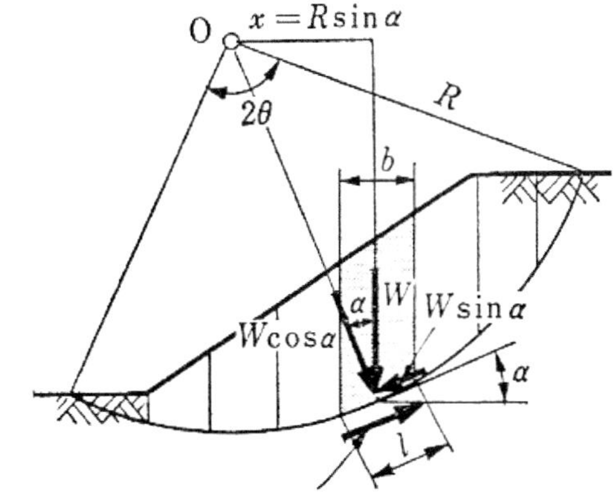

図－3.13　円形すべりによる安定計算方法

したがって、堤体材料が同じでも、上流側の断面は堤体内水位が高いため間隙水圧（浮力）が大きく、すべり面の摩擦抵抗が小さくなるため下流面に比べて法勾配が緩くなる。図－3.14に国内のロックフィルダムの堤体の上・下流面勾配の実績を示すが、ダム高によるバラツキは少なく、上流面勾配1：2.5～3.0程度、下流面勾配は1：2.0～2.3程度が一般的な値となっている。

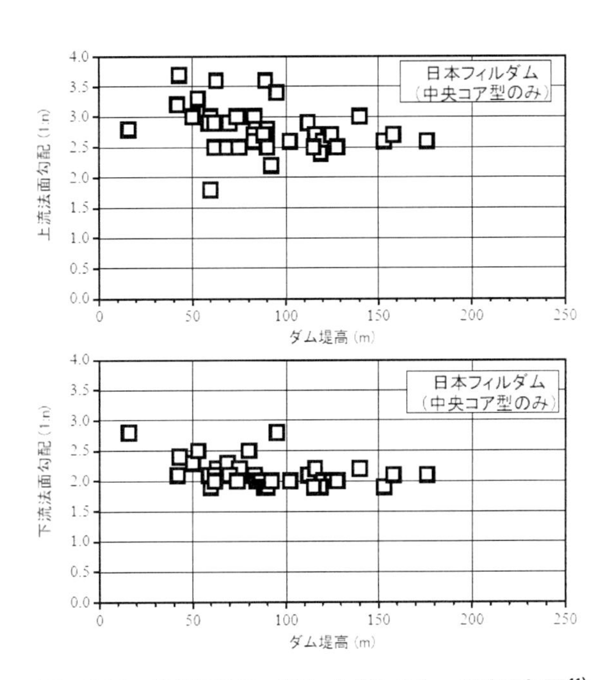

図－3.14　我が国のロックフィルダムの上・下流面勾配[11]

3.3　新しいダム型式、台形CSGダム

(1)　台形CSGダムの概要

台形CSGダムは、堤体形状が台形であり堤体材料としてCSG（Cemented Sand and Gravel）を用いる。これまでの重力式コンクリートダムやフィルダムと異なった新型式のダムであり、その設計、施工、品質管理に関する技術は我が国で開発された独自技術である。

CSGは、ダムサイト近傍で得られる掘削ズリ、河床砂礫、段丘堆積物などの岩石質の材料に少量のセメントと水を添加したものである。コンクリートに比べて強度が小さいが、ダム堤体を台形断面状にすることにより、堤体内に生じる応力を緩和させるなど、設計の工夫により対応している。なお、図－3.15に台形CSGダムの標準断面図を示す。

大型コンクリートダムでは原石山（骨材採取地）の開発によって地形を大きく改変する場合が多いが、台形CSGダムではコンクリート骨材よりも品質の低い現地発生材を堤体材料に流用することができるため環境にやさしく、また工事費も安くなることが期待される。

台形CSGダムは、現在までに4ダムが完成、1ダムが施工中、4ダムが設計または計画中である（表－3.3参照）。完成したダムはいずれも堤高50mクラスのものであるが、現在は堤高100mを超える大規模ダムの建設も進められている。

(2)　台形CSGダムの設計

台形CSGダムは新型式のダムであり、設計手法についてもこれまでの重力式コンクリートダムとは異なった手法を用いている。また、細部設計を含む設計手法は、建設事例を増す毎に進化している。このため、設計方法の詳細については、改訂を重ねながら技術資料[11]が整備されているのでそちらを参照されたいが、以下要点のみを説明する。

設計外力は重力式コンクリートダムとほぼ同様であるが、安定条件は次のようになっている。

・安定計算方法は、重力式コンクリートダムが堤

表－3.3　台形CSGダムの実績（令和4年5月時点）

段階	ダム名	事業者	堤高(m)	堤頂長(m)	堤体積(m^3)
完成	金武	内閣府	39.0	461.5	300,000
	当別	北海道	52.4	432.0	813,000
	サンル	国交省	46.0	350.0	495,000
	厚幌	北海道	47.2	516.0	490,000
施工中	成瀬	国交省	114.5	755.0	4,850,000
設計・計画中	鳥海	国交省	81.0	365.0	1,331,000
	鳴瀬川	国交省	107.5	358.0	1,644,000
	三笠ぽんべつ	国交省	53.0	173.5	214,000
	本明川	国交省	60.0	340.0	620,000

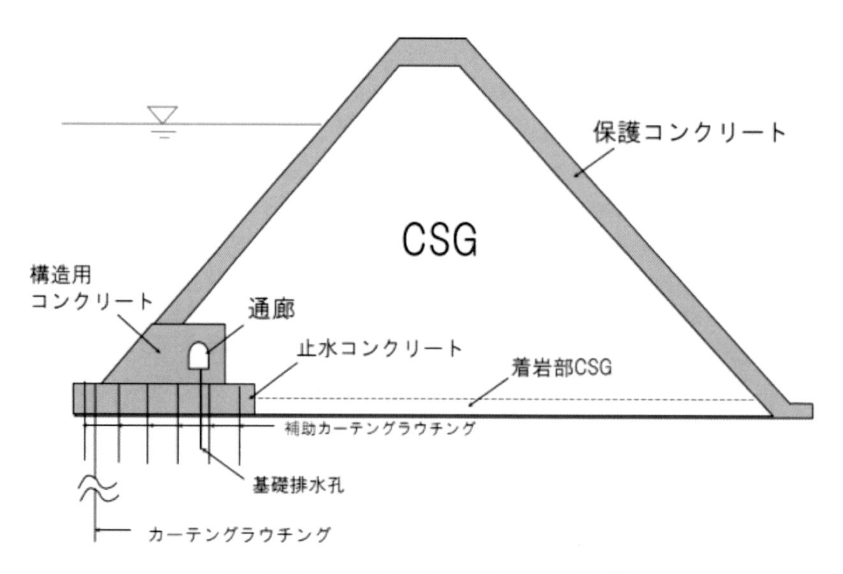

図－3.15　台形CSGダムの標準断面[12]に加筆

体を変形しない「剛体」と仮定する手法が用いられるのに対し、台形CSGダムでは堤体を「弾性体」とした設計手法（FEM解析）が用いられる。

・地震荷重および地震時動水圧に対する照査は動的解析により作用させる。動的解析に用いる地震波形には設計地震の波形と検証地震の波形がある。
・転倒の条件に代わり、常時、地震時に係わらず「底面反力が全域で圧縮状態」にあるような上下流面勾配を有するように設計する。
・滑動の条件については、基礎岩盤のせん断強度は見込まず、摩擦抵抗のみで滑動安全率を評価する（安全率は常時2.0、設計地震時1.5、検証地震時1.2以上）。

また、最も大きな設計コンセプトの違いとしては、図－3.16に示すように重力式コンクリートダムでは、堤体断面設計を行って設計に適した材料を確保するのに対し、台形CSGダムではダムサイトの近くで手に入る材料を調査し、得られる材料に適した設計を行う点にある。このような特徴から、台形CSGダムは材料、設計、施工方法を同時に検討することで合理化を追求したダム型式といえる。

(3)　CSG

1）材料としての特徴

通常ダムで用いるコンクリートは、骨材の原料となる「原石」を採取して、これを破砕・洗浄・分級し、ほぼ一定の粒度分布とした「骨材」を製造し、骨材に定量の水とセメントを加えて混合して製造する。これに対しCSGでは、コンクリートの原石に相当するものを「母材」、骨材に相当するものを「CSG材」と称しており、以下のような特徴がある。

①母材；CSGを製造するための原材料を「母材」と称す。母材は、基礎掘削岩、河床砂礫、段丘堆積物など（写真－3.1参照）、ダムサイト近くで調達可能なものが用いられる。また、ダムではないが東日本震災後に建設された福島県夏井海岸の防潮堤防では、コンクリートガラが使用されている。

②CSG材；得られた母材を、必要に応じてオーバーサイズの除去や破砕等の簡易な処理を行ったものが「CSG材」である。CSG材は、基本的に分級、粒度調整、洗浄を行なわず、粒度分布の変動を許容する。

台形CSGダム	重力式コンクリートダム
<材料強度に応じた堤体設計> ①手近にある材料の工学的特性の調査 ↓ ②材料に適した設計・施工の検討	<堤体積を最小にする設計> ①堤体の設計(直角三角形が基本) ↓ ②設計に適した良好な材料の確保

図－3.16　台形CSGダムと重力式コンクリートダムとの設計コンセプトの対比

基礎掘削岩

河床砂礫

段丘堆積物

写真－3.1　母材の例

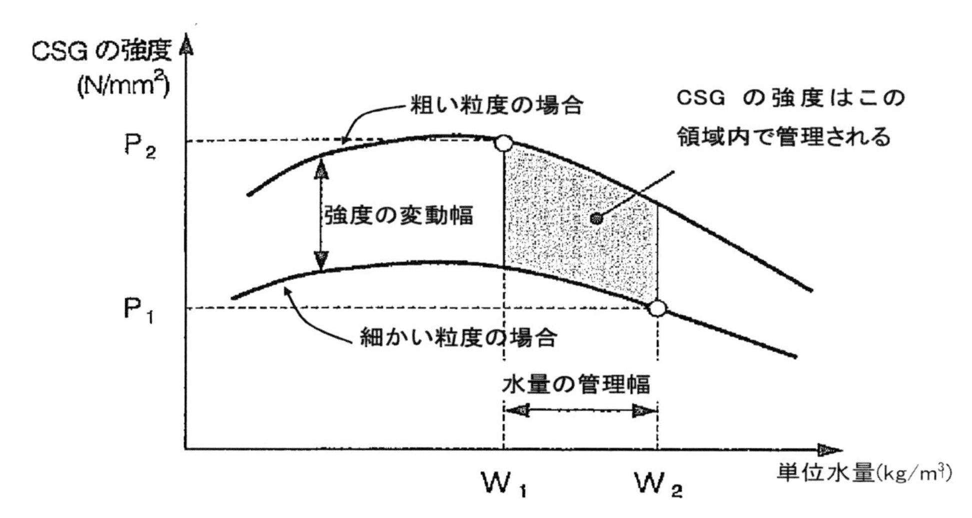

図－3.17　CSG材の粒度、単位水量およびCSGの強度の関係 [12)]

②CSG；CSG材にセメントおよび水を添加し、簡易な製造設備を用いて混合したものがCSGである。添加するセメント量は一定とするが、水量の変動は許容する。

2）CSGの施工

CSGの施工は、ブルドーザで敷均して振動ローラで転圧することによってダムを築造する。これを「CSG工法」と称す。CSG工法は、重力式コンクリートダムのRCD工法をベースに合理化を進めたものであり、さらなるコストの縮減、高速施工、環境への影響低減を可能としている。

3）CSGの強度

コンクリート骨材とは異なり、CSG材の粒度分布はバラついたものである。このような材料に一定量のセメントを添加し、加える水の量を増やしていくと、同じ締固めエネルギーであれば圧縮強度は図－3.17のような形となる。この図はCSGの強度設定の概念を理解するうえで重要であるため少し説明を行う。

調達したCSG材から、粗いCSG材と細かいCSG材を選択使用してCSGを製作すると、加える水の量を変えていけば圧縮強度はそれに応じて変化する。単位水量をW_1からW_2の一定範囲に制御すれば、CSGの強度はP_1からP_2の範囲内に収まることになる。この範囲から、最低値のP_1を基準値（CSG強度）とすることで設計に用いる強度が担保されることになる。

このように、CSGの強度分布範囲は4本の線で囲まれた「ひし形」で設定できることから、ひし形理論と呼ばれCSGの強度管理にも用いられている。

参考文献

1）財団法人国土開発研究センター編：解説・河川管理施設等構造令，第1刷，pp.31-32，平成12年1月.
2）国土交通省新丸山ダム工事事務所 HP，https://www.cbr.mlit.go.jp/shinmaru/101_hitsuyou/10_kouka/main.html.
3）水資源機構，広報誌水とともに，2016年11・12月号，https://www.water.go.jp/honsya/honsya/pamphlet/kouhoushi/2016/pdf/201611-12_05.pdf
4）一般財団法人日本ダム協会 HP：ダム数集計表（竣工年別型式別），http://damnet.or.jp/cgi-bin/binranA/Syuukei.cgi?sy=syunkei
5）一般社団法人ダム工学会近畿 / 中部ワーキンググループ：改訂版　ダムの科学，p.95，2019年12月.
6）山口嘉一：フィルダムの型式分類，一般社団法人地盤工学会「土の締固め講習会」講義スライド集，2019年10月.
7）（社）農業土木学会：農業土木工事図譜，第2集，フィルダム編，p.123，1973.
8）国土交通省　能代河川国道事務所 HP，http://www.thr.mlit.go.jp/noshiro/dam/about/structure.htm
9）建設省：石淵ダム工事報告書.
10）国際大ダム会議日本委員会：ダム設計基準　昭和32年制定.
11）松本徳久：我が国フィルダムの設計・施工の変遷，土木学会論文集 F　Vol.65，No.4，pp.394-413，2009.
12）一般財団法人ダム技術センター：台形 CSG ダム設計・施工・品質管理技術資料　平成24年6月.

第4章

ダムの建設・先端技術

第4章　ダムの建設・先端技術

ダムの建設は、「ダム建設構想」から始まり、ダムの貯水池の容量を決定する「計画」、地質や環境を調査して環境影響評価を実施する「現地調査」、ダムの型式や位置、規模を決定する「設計」を経て、「建設段階」に入る。

第３章までで「設計」などの解説を行った。第４章では、「ダム建設前の準備工事」、「ダム本体工事」といった実際の建設段階について解説する。また、生産性向上を目的に、ダム分野においても様々な先端技術の導入が急ピッチで進められていることから、i-Construction、CIM（Construction Information Modelling）についても概要を解説する。

4.1　建設前の準備工事

ダム本体建設については、いきなり現地に大型機械を持ち込み、多くの技能労働者を配置して、工事開始とはならない。ダム本体工事を開始するためには様々な準備工事が必要であり、その費用も場合によっては本体建設工事以上になることがある。ダム完成までの流れを図－4.1に示す。

また、建設に必要となる工事用道路、仮設用地造成工事の他に、ダムによる水没等で移転等の不利益を被る水源地域の住民の生活再建を支援することにより水源地域・住民の一方的な不利益や負担を軽減し、地域の活性化を図ることを目的に1973年（昭和48年）に「水源地域対策特別措置法」が施行されている。このため、ダム建設を始めるにあたっては、道路・下水道・レクリエーション施設・公共施設・福祉施設に至る生活再建に向けた施設の建設などの準備工事が必要となる。ここでは、この準備工事のうち、移転代替用地の造成、生活道路の付替道路、工事用道路、転流工、コンクリート骨材等の材料を採取する原石山造成工事ついて解説する。

さらに、ダム本体工事に使用する主要仮設備についても解説する。

4.1.1　移転代替用地

ダム貯水池によって水没する住民が移転する代替用地の造成を行う。最近完成した八ッ場ダムでは、地域の文化、コミュニティを守るために、長野原地区、横壁地区、川原湯地区、川原畑地区など地区別

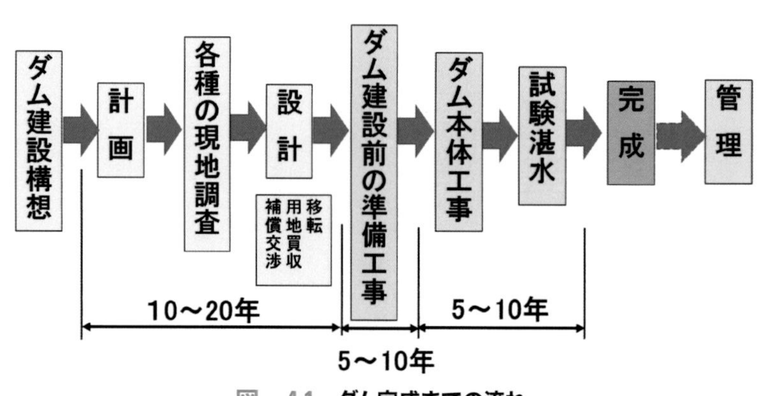

図－4.1　ダム完成までの流れ

代替地を造成し、住民が地区単位で同じ代替地に移転できるよう配慮している（写真－4.1参照）。

4.1.2　付替道路

ダム貯水池によって水没する国道や県道はもちろん生活道路に至るまで、現状と同程度の道路をダム天端標高以上に新設する。これら水没補償のために建設される道路・橋梁・トンネルを総称して「付替道路」と呼ぶ。

これらの付替道路は、道路構造に関する法令（道路構造令）に準拠して設計を行い、ダム完成後は道路管理者に引き渡すこととなる。写真－4.1は八ッ場ダム周辺の空撮を示すが、国道145号線、県道長野原線などの道路の他にJR吾妻線の付替えも行われている。

4.1.3　工事用道路

ダムの工事は、人里離れた山間部で行うため、乗用車の通行がやっとの幅員の道路しかない場合が多い。また、ダム建設に使用する45tダンプトラックなどは公道を走行できない上、国道、県道などの一般道路などと、平面交差もできない。このため、堤体材料の運搬、掘削残土の運搬、資材・機材の搬入などために、大型機械が走行できる道路を別途設置する。これを「工事用道路」と称する。

写真－4.1　八ッ場ダムの代替地と付替道路[3)]

これらの道路は、工事専用車両のみが通行する工事専用道路として建設する専用道路であるため、コスト重視の観点から急カーブ、つづら折りが連続した道路であることも多く、なかには写真展に入選した道路もあった。写真－4.2はつづら折りの工事用道路、写真－4.3は写真展で入選した長井ダム上流右岸の工事用道路を示す。

写真－4.2　つづら折りの工事用道路

写真－4.3　写真展で入選した工事用道路（長井ダム）

4.1.4　転流工

ダム本体工事は建設の確実性を確保するため、本体工事区域の河流を迂回させなければならない。そのための構造物を転流工と言う。

転流工の方式は、対象とする河流処理水量とダム建設地点付近の地形によって、基礎岩盤内にバイパストンネルを掘削し仮排水路を設けて河流を処理する仮排水路トンネル方式と、河道の半分程度を締切り、片側半分で河流を処理しながら堤体を築造する半川締切り方式がある。半川締切り方式は、河道が狭い場合に洪水時の水深が高くなり、締切り堤の堤高も高くする必要が生じることから、国内では堤頂長が堤高の４倍以上となるような広い河床幅を有している場合に採用された実績がある（多目的ダムの建設　第６巻施工編 p.19）[1]。しかし、国内でのダム建設においては、ダムサイトがV字谷を呈していることが多いことなどから、その多くは、仮排水路トンネル方式によるものが採用されている。国内で半川締切りを採用した最近の事例として、津軽ダムの例を写真－4.4に示す。

ここでは、国内での採用が多い仮排水路トンネルによる転流工について解説する。

仮排水路トンネルによる転流工を構成する施設は以下のとおりとなる。

①　仮排水路トンネル

水を流すためのトンネル式水路で、堤体左岸または右岸の岩盤を掘削して設置する。掘削はブレーカなどの機械掘削または発破掘削で行う。

写真－4.4　コルゲートによる半川締切り（津軽ダム）

②　上流仮締切

水をせき止めて仮排水路に河流を誘導させるための堰堤で、重力式コンクリートダム構造、土砂などを盛立てるフィルダム構造、最近ではCSG（Cemented Sand and Gravel）を用いた台形断面の堰堤構造など、各ダムサイトの状況に適した型式を選定する。

③　下流仮締切

仮排水路末端では、河道に水を戻すが、河道に戻った水が、堤敷に逆流しないようにせき止めるための堰堤を下流仮締切と言う。

仮排水路トンネルの断面の大きさは、建設するダム型式と、ダム流域面積に応じた降雨時の流出流量によって決める。この仮排水路トンネルで処理すべき流量を河流処理対象流量と言う。

河流処理対象流量を大きく設定すれば、建設中に本体工事が洪水被害を受ける確率及び被害額は低下するが、転流工設備の工事費用が嵩む。したがって、転流工の河流処理対象流量は、本体工事が越水によって受ける被害額、復旧作業等によって本体工事が遅れることによる被害額等を総合的に検討して決定する。

一般にコンクリートダムは、工事中に大きな洪水が生じて打設途中のダムをが越水しても、致命的な被害が生じ難いため、通常１年に１回～２年に１回発生する規模の洪水を対象としている。一方、フィルダムでは、工事途中にダムを越水すると、盛立て途中の堤体が洪水とともに流出する恐れがあるため、被害額が大きくなる。このため、フィルダムでは通常20年に１回程度の洪水を対象流量としている。写真－4.5に仮排水路トンネルと上下流仮締切の配置を示す。

ところで、仮排水路トンネルに河川を迂回させた時点より、ダム本体の本格的な工事が開始することとなる。この時、「神なる川」の流れを転流するため、施工者は、式典（転流式）を催して工事の安全を祈願する。式典では神主の祝詞奏上と小さな船を浮かべて流すなど、厳かに式典を挙行する（図－4.2参照）。

写真－4.5　**仮排水路トンネルと仮締切の配置**[6)]

図－4.2　**転流式典と小型の船**[2)]

4.1.5　原石山

コンクリートダムに使用するコンクリート骨材、フィルダムに使用する土・岩は、膨大な量が必要となるため、多くはダム建設地点近くの山を削って現地で製造する。この材料を採取するための山を「原石山」と呼ぶ。

実際の材料採取方法の選定にあたっては、①原石山を設ける、②河床砂礫等の自然材料を利用する、③購入骨材とする、④その他の例としては、付近の既設ダムに堆積した河床砂礫の利用や、圃場整備事業に併せ田圃の下の砂礫を利用するなどの選択肢について、経済比較、品質確保等の検討を行い決定している。

原石山の良し悪しは、膨大な量の材料を如何に効率的に採取できるかで決まる。原石の品質、採取できる量、不良岩の比率、ダムからの運搬距離などを十分に調査して、総合的に検討しなければならない。特に原石山には、材料となる堅い岩石の上に表土や不良岩が分布しているため、実際の採取までの

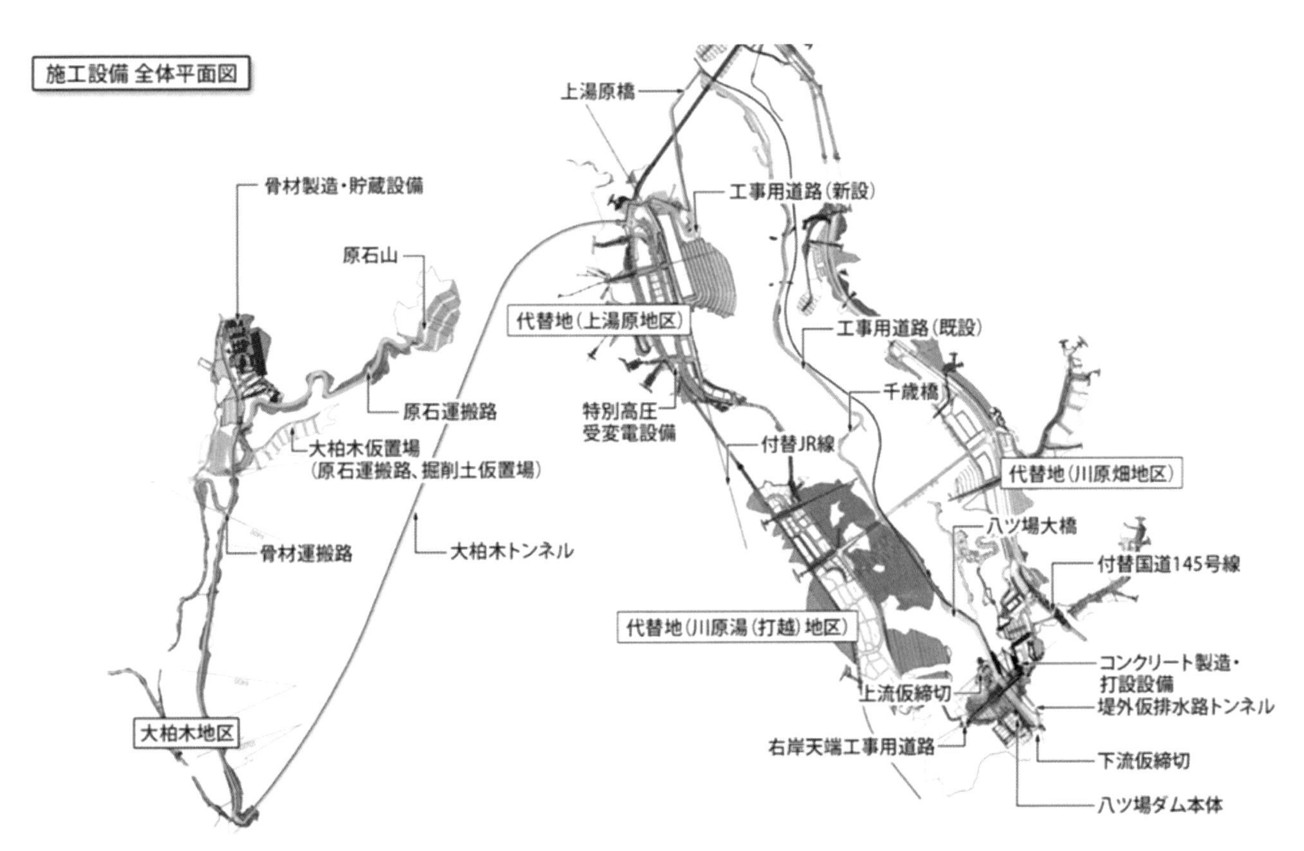

図－4.3　**仮設備全体平面図（八ッ場ダム）**

写真－4.6　**原石山全景（津軽ダム）**

準備工として、この表土、不良岩を除去する必要がある。この表土、不良岩の比率が大きな原石山は（歩留まりが悪い原石山）として、経済性の面からも避けなければならない。

こうしたことから、最近では中～小規模コンクリートダムでは、経済性、自然環境に与える影響にも配慮し、既設の民間砕石業者からコンクリート骨材を購入する事例が増えてきている。

その他、材料を採取するための準備工として、原石山から骨材製造設備まで原石を運搬する原石運搬路、製造した骨材をダムサイトのコンクリート製造設備まで運搬する骨材運搬路、骨材を製造するための設備を設置するヤードの造成が行われる。図－4.3に八ッ場ダムの仮設備配置図を、写真－4.6に津軽ダムの右岸堤頂部直近に設置した原石山の状況を示す。

4.1.6　ダム本体工事に使用する主要仮設備

ダムの本体工事では膨大な量のコンクリートを使用するため、コンクリートを製造するための設備やコンクリート用の骨材を製造するプラントなどをダムサイト近傍に設置する。これらダム工事に用いるダム施工機械設備を総称して「仮設備」と言う。仮設備の計画を立案するにあたっては、ダム事業及び本体工事の全体工程に適した設備規模としなければならない。このため、基本となるダムの高さ、堤体積等の設計条件のほか、現場条件として以下の項目について事前に調査を行う必要がなる。

- 降雨、降雪、気温等の気象及び河川流況等の水文
- 設備配置のための地形及び地質
- 環境保全のための周辺の自然環境、生活環境
- 各種資材搬入のための輸送路
- 工事用電力の供給状況等

これらの調査結果を基に施工方法、施工設備の種類、能力、配置計画等を検討し、工事が円滑に実施できるよう計画することが重要となる。計画立案時の留意点を以下に示す。

- 可能な範囲で自然地形を利用し、切土や盛土等大規模な基盤造成は控える。また輸送設備はできるだけ運搬物が上から下へ流れるように配置する。
- 所定の用地内にコンパクトな配置ができるよう検討を行う。
- 撤去及び跡地整備の容易な配置及び構造とする。
- 市場性、転用性も考慮して機種、容量を決める。

⑴　骨材製造、貯蔵設備

骨材製造・貯蔵設備は、①原石投入設備、②1 000mm程度の原石を150mm程度に破砕する一次破砕設備、③供給バランスを取るサージパイル、④一次破砕後の骨材をさらに細かく砕き製品及び砂の原料とする二次・三次破砕設備（コーンクラッシャ）、⑤細骨材（砂）を作る製砂機械、⑥決められた寸法にふるい分けるふるい分け設備（スクリーン）、⑦製品貯蔵設備などから構成される。図－4.4に骨材製造設備の全体構成を示す。また、製造された骨材はサイズ別にコルゲートビンなどに貯蔵され、ベルトコンベヤでコンクリート製造設備に搬送される。

⒜　一次破砕設備

一次破砕機は、製砂機についで大型なもので、基礎工事なども大がかりになることから骨材製造設備の経済性に大きな影響を与える。ダム工事に使用される一次破砕機の多くはジョークラッシャである。ジョークラッシャには、シングルトッグル型とダブルトッグル型の２型式があり、ダブルトックル型は

1章 2章 3章 4章 5章 6章 7章 8章

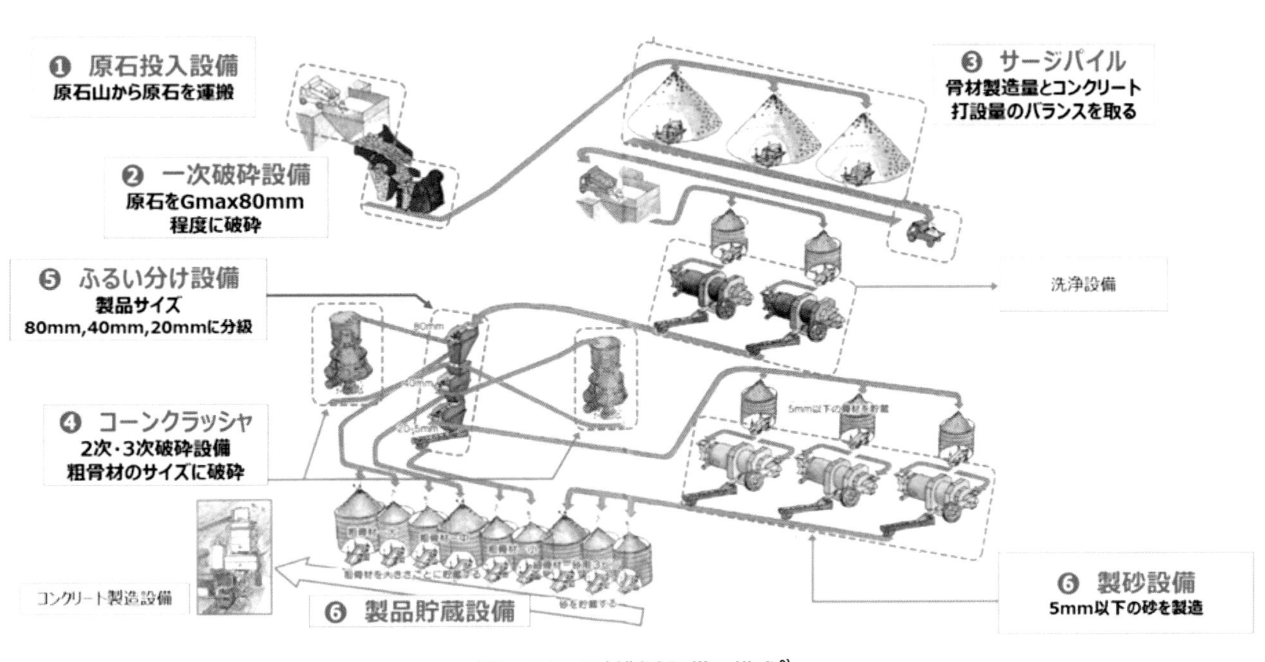

図－4.4　**骨材製造設備の構成**[2)]

シングルトックル型に比べ機械重量が重くなるが、破砕板の摩耗が少なく破砕板間隔の調整が容易であることから、ダムでの採用例が多くなっている。図－4.5に一次破砕設備の概要図を示す。

(b)　二次・三次破砕設備（コーンクラッシャ）

二次・三次の破砕機には、主として油圧型コーンクラッシャ（図－4.6参照）が使用される。最近では、高速で回転するロータで投入原石を跳ね飛ばして破砕するインパクトクラッシャが使用された例もある。ここでは、一般的な油圧型コーンクラッシャについて解説する。油圧型コーンクラッシャは、油圧機構により主軸を通じてマントルを支え上下させる構造で、破砕径を決めるマントル間隙の調整は油圧機構により簡単にでき、鉄片など異物がかみ込んだときにも油圧を一時的にアキュムレータ（畜圧器）

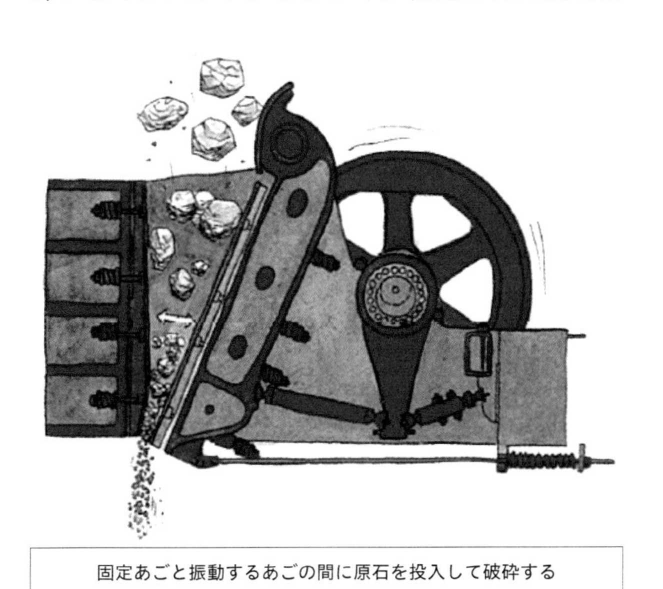

固定あごと振動するあごの間に原石を投入して破砕する

図－4.5　**一次破砕設備**[2)]

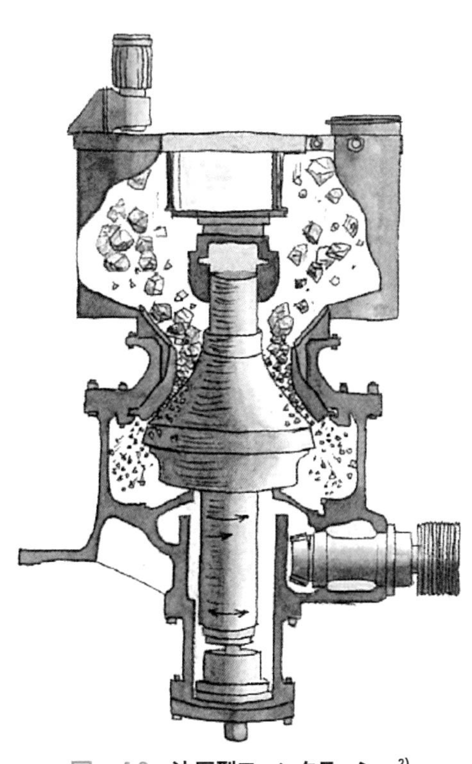

図－4.6　**油圧型コーンクラッシャ**[2)]

に逃がすことによりマントルを降下させ、異物を排出し、過負荷及び機械の損傷を防止する機構となっている。しかし、採取現場で稼働している大型重機の金属破片などのような、大きな異物は排出不能となるため、金属探知機を供給ベルトコンベヤに設置して、検出した場合にはベルトコンベヤを自動停止させ、トラブルを防いでいる。

(c)　ふるい分け設備

ふるい分けは、大別すると、ふるい分けと、分級とがある。前者は粒径の大きなものを分粒するものを言い、ふるい分け機又はスクリーンなどと呼ぶ。また、後者は粒径の小さな又は細かいものを分粒するものを言い、分級機、クラッシュファイヤ、セパレータなどと呼んでいる。ここでは粗骨材をサイズ別に分級するふるい分け設備について解説する。

ふるい分け設備としては、通常、振動ふるいが用いられている。振動ふるいは、振動方式（円運動、直線運動、だ円運動）、水平型、傾斜型、吊り下げ型、床置型、そしてスクリーンの枚数も単床式、二床式など、さまざまなものがある。一般的には、大塊には傾斜型が、中・小塊には傾斜型又は水平型が、細粒又は脱水用には直線運動の水平型が、それぞれ用いられる。

水平型（二床式、床置型、振動方式：だ円運動）の例を写真－4.7に示す。

(d)　製砂設備（ロッドミル）

製砂設備としては、インパクトクラッシャ、ロッドミル、ボールミルなどの機種があるが、ダムコンクリート用の製砂設備としては、湿式のロッドミル（図－4.7参照）がもっとも適していると言われている。

これは、ロッドミルでは、ロットの装填量、フィード（供給）量、水量の調節により、容易に製品の粒度分布（FM；粗粒率）の制御ができるのに対し、ボールミルは過粉砕の傾向があり、インパクトクラッシャは製品砂の粒形は良好であるものの、粒度分布がダムコンクリート用細骨材としては不適になりやすく、また、ライナーの摩耗が多いため大量の製砂に不向きと言われているからである。

ロッドミルは、ドラムの中にロッドを装填し、水と原料となる原石を入れて回転させることによって原石を粉砕して砂を製造する。このため、製造能力は供給される原砂の質（硬さ）と原砂料及び製品のサイズにより異なるため、原石山が決定したら、原石を仮採取して破砕試験を実施して決定する。

ドラムの中で、ロットと原石がぶつかり合って粉砕されるため、ドラム内に装填したロッドの消耗量は相当大きく、原石の質により損耗量は著しく変化する。従来の実績では1 000t製造するために損耗するロッド量は300～600kgと言われている。

写真－4.8に八ッ場ダムの原石山と骨材製造設備の全景を示す。

写真－4.7　ふるい分け設備
水平型（二床式，床置型，振動方式：だ円運動）
アーステクニカHP[4]より

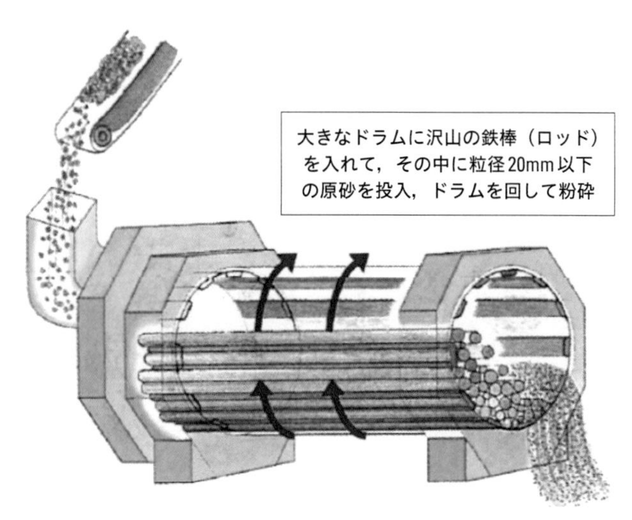

図－4.7　ロッドミルの構造[2]

写真－4.8　**原石山と骨材製造設備全景（八ッ場ダムの例）**[3)]

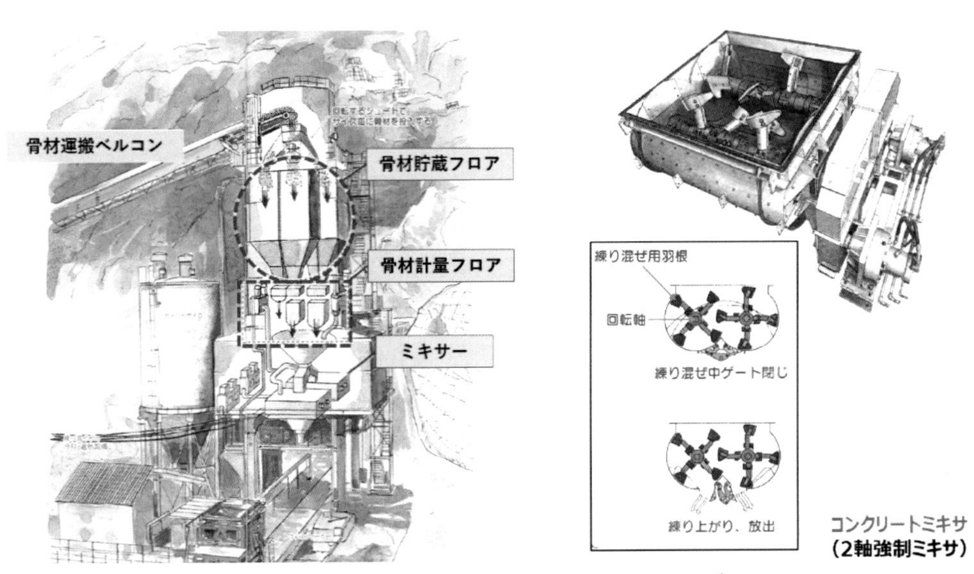

図－4.8　**塔形プラントの構造と2軸強制ミキサ**[2)]

(2)　コンクリート製造設備

コンクリート製造設備（コンクリートプラント）は水、セメント、粗骨材、細骨材、混和剤を所定の配合となるよう重量計量し、これをミキサーで練り混ぜてコンクリートを製造する設備である。

ダム建設に使われるコンクリートプラントは、一般に塔形プラントであり（図－4.8参照）、最上部に骨材・セメントを荷受けする受材室があり、その下に貯蔵部、計量部、混合部（ミキサー）から成り、練り上がったコンクリートはウェットバッチホッパーに投入され、その後コンクリートバケット又はコンクリート運搬車に積み込まれる。設備の容量は、一般的に月最大打設量を基本とし作業日当たり稼働時間やコンクリート打設設備の能力を加味して決定する。

コンクリートプラントの運転操作はセメント貯蔵設備や骨材輸送設備・コンクリート運搬設備・コンクリート打設設備の運転と合わせ、運転操作室を一つにまとめた遠方集中制御を行うのが一般的である。

ミキサ（混合装置）は、塔形プラントの計量フロアーの下段に設置される。また、ミキサ形式には、重力式（傾胴形）、2軸強制練り、パン型強制練りなどがある。ダムコンクリート用には重力式と2軸強制練りの使用実績が多いが、最近では、短時間で練り混ぜが完了でき、練り混ぜ性能も高い、２軸強制練りの採用が多くなっている。写真－4.9に八ッ場ダムのコンクリート製造設備全景を示す。

(3) コンクリート運搬設備

コンクリートの運搬は、練り上げてから打ち込むまでの過程を言い、この時間が長くなるとコンクリートのワーカビリティーに悪い影響を与えるため、できるだけ速やかに、打込み場所へ運搬する必要がある。また、最大骨材寸法が大きいダムコンクリートは材料分離が生じやすいため、運搬中の分離を少なくすることも重要である。

写真－4.9　コンクリート製造設備全景（八ッ場ダムの例）[3)]

コンクリートの運搬設備は、ダムサイトの地形や地質、運搬距離、ダムの規模、環境保全、工期、工費等を勘案して決定する。運搬方法には主に次のような方法が採用されている。

① ケーブルクレーン
② タワークレーン
③ ベルトコンベヤー
④ コンクリートポンプ
⑤ ダンプトラック直送

ここでは採用実績が多いケーブルクレーンについて解説する。

急峻な地形を有する我が国のダムサイトにおいては、ケーブルクレーンがコンクリート打設機械の主役として従来から採用されている。ダム施工法の変化により、特にRCD工法でダンプ直送が全盛期の時代では、運搬機械の主役を譲り、雑運搬機械として設置されることが多くなっていたが、コンクリート打設のほか、放流設備の据付、雑運搬と称されるダム建設用資材の堤体内への搬入及び搬出に有利なことから近年その有用性が見直されている。

写真－4.10は八ッ場ダムのケーブルクレーンの設

写真－4.10　ケーブルクレーンの設置例（八ッ場ダムの例）[3)]

置例を示している。八ッ場ダムでは２条の固定式ケーブルクレーンを設置し、ダンプトラックによる堤内二次運搬方式を採用して打設箇所までコンクリートを運搬している。

4.2　ダム建設の実際

ダム建設の流れを八ッ場ダムの施工例を紹介しながら概説する。

4.2.1　ダム本体の基礎をつくる（基礎掘削）

ダムの基礎掘削の流れについて解説する（写真－4.11参照）。

①　測　量

ダム建設にあたり最初の測量は、基準点をもとに、ダムが建設される山の頂上付近に測量用のポイントを設置する。

②　伐採作業

ダムの基礎掘削を行う前に山の斜面の伐採を行う。最近は、掘削の方法や仮設備配置などを工夫して、極力自然に対してあまり手を加えないように配慮する。

③　基礎掘削（粗掘削）

地表近くの土砂や風化した岩盤などを除去し、ダムの基礎岩盤として適した良質な岩盤まで掘削する。掘削には大型の重機（ブルドーザ、バックホウ）が使用され、岩石部分は発破（ダイナマイトやANFO）が併用される。

④　仕上げ掘削

掘削の過程で生じた緩みや割れ目を取り除いて、新鮮な岩盤にコンクリートを打ち込むために、岩盤表面をおよそ30cm程度、人力などにより丁寧に取り除く。

⑤　岩盤清掃と岩盤検査

仕上げ掘削後に岩盤清掃を行う。岩盤に付着した土砂分、割れ目にはさまれている粘土などを水やエアーで洗い落とす。コンクリートを打ち込む直前に実施する。岩盤清掃が終了し、基礎の岩盤がむき出しになった時点で、地質状況を細かく調査して、基礎がダムを載せる岩盤として十分であるかどうかの確認を行う。これを岩盤検査といい、

写真－4.11　本体の基礎をつくる（基礎掘削の流れ）

通常、河川管理者から派遣された技術者が行う。

4.2.2　材料を採取する（コンクリート骨材の採取）

材料の採取手順について解説する（写真－4.12参照）。

①　表土掘削

山を掘削してコンクリート骨材に適切な岩盤を露出させるために、岩盤の上に堆積している表土（土砂）を取り除く。

②　発　破

石が遠くに飛び散らないよう、装填する火薬量を調整して安全を確保しながら、爆砕する。

③　小割り・整形

発破によって生じた大転石をダンプトラックに積み易い大きさに小割する。掘削によって発生した法面の浮石等の除去、法面の整形を行う。

④　集積・選別・積み込み

発破後の岩石は、骨材となる岩石と廃棄する岩石が混在した状態になるため、底がふるい状になったバケットをして選別を行う。

4.2.3　ダム本体をつくる（コンクリート打設）

実際のダムの築造すなわちコンクリートの打設について解説する。従来、コンクリートダムは柱状ブロック工法により築造されてきた。この工法は、コンクリート硬化時の水和熱に起因する温度ひび割れの発生防止のため、横断方向の収縮継目（横継目）と、基礎岩盤拘束に起因するひび割れの防止のため堤軸方向の収縮継目（縦継目）を設置し、さらにはコンクリートをパイプクーリングによって冷却し、縦継目には冷却後、ジョイントグラウチングを実施して一体化を図る。このため、それらの継目によって分割されたブロックごとにコンクリートを打設することから、その形状から、柱状工法と名付けられた（図－4.9参照）。実施工ではコンクリート打設設備能力や型枠存置期間等の制約により、ブロック問に一定の落差をつくり凹凸のある柱状を呈しながらダムが築造される。

一方、合理化施工の代表として面状工法がある（図－4.10参照）。この工法の基本は、先に述べた温度ひび割れを制御するために縦継目を設けるようなこ

写真－4.12　**材料を採取する（原石山掘削の流れ）**

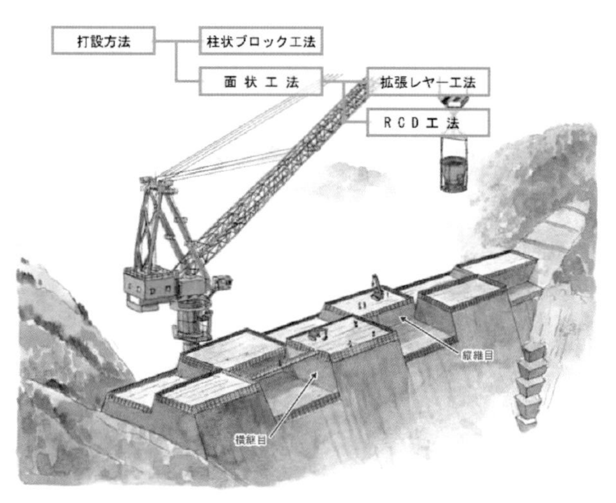

図－4.9　**柱状ブロック工法**[2)]

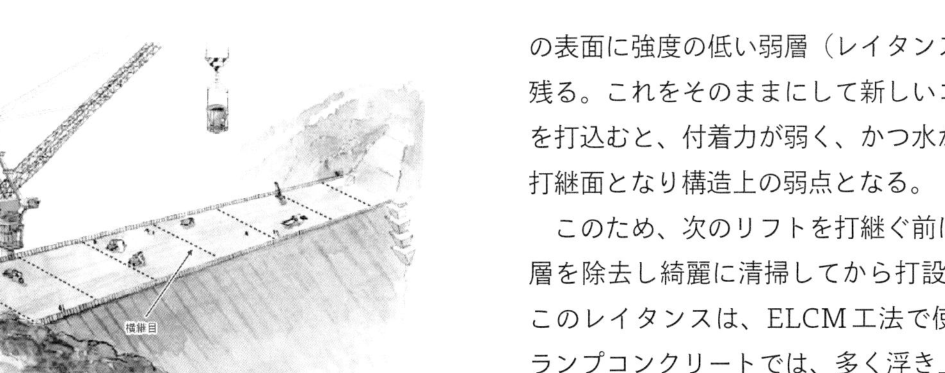

図－4.10　**面状工法**[2)]

とはせず、セメントの単位使用量を少なくし、同時にフライアッシュに代表される混和材を30%程度置換した混合セメントを用いる貧配合コンクリートを使用して、水和熱を低減させ、ひび割れを制御する。

また、柱状ブロック工法に比較して大量のコンクリートを面状に一度に打設する工法で、横継目はコンクリート打込み後、薄い鉄板を振動機で挿入して造成する。横継目の間隔は、柱状ブロック工法と同様に15mが標準となっている。コンクリートの打設は、コンクリートの養生期間を考慮し、施工中の堤体を横断方向に、原則として、3打設区画以上に分割し、分割した区画内を一度に施工する。

1回当たりのコンクリート打設高さは0.75～1.0mである。面状工法のうち、ゼロスランプのコンクリートを振動ローラで締固めるのが、いわゆるRCD工法である。これに対して従来の3cm程度の有スランプコンクリートを内部振動機（バイブレータ）で締固める工法が拡張レヤ工法、略称ELCM（Extended Layer Construction Method）と言っている。群馬県で建設された八ッ場ダムはRCD工法で建設されている。なお、RCD工法は、近年さらなる合理化が図られてきており、その詳細は（一財）ダム技術センター発刊の技術資料[5)]に紹介されているが、八ッ場ダムもこの最新のRCD工法により建設されている。

次に、八ッ場ダムの施工例を基にダムのつくり方を説明する。

① 打継面処理（グリーンカット・打設前清掃）

コンクリートを打込むと、コンクリートの中の余剰水が浮き上がってくる。そしてコンクリートの表面に強度の低い弱層（レイタンス層）として残る。これをそのままにして新しいコンクリートを打込むと、付着力が弱く、かつ水が通りやすい打継面となり構造上の弱点となる。

このため、次のリフトを打継ぐ前には、この弱層を除去し綺麗に清掃してから打設を開始する。このレイタンスは、ELCM工法で使用する有スランプコンクリートでは、多く浮き上がるが、単位水量が少ないゼロスランプコンクリートを使用するRCD工法では、このレイタンスの浮き上がりが少ない。このため、RCD工法ではポリッシャー等で軽くブラッシングする程度で除去できることから、大幅な効率化を達成している（写真－4.13参照）。

② コンクリート打設

コンクリート打設作業の流れとして、八ッ場ダムを参考にRCD工法による流れを説明する。前述の打継面処理作業完了後、発注者の打設前検査を受検した後、打設作業に入る。

まず最初に打継面処理が完了した表面に、モルタルを20mmの厚さで刷り込むように敷設する。その後、コンクリート製造設備で製造されたコンクリートはバケットに積み替えた後、ケーブルクレーンで仮受けホッパーに運搬する。仮受けホッパーに放出されたコンクリートを、堤内2次運搬用ダンプトラックに積み替え、打設場まで運搬す

写真－4.13　**打継面処理状況（八ッ場ダム）**[3)]

る。打設場まで運搬したコンクリートをブルドーザで25cm×4層、1リフト1.0mで敷き均し、その後、振動ローラで転圧する。なお横継目は振動ローラで転圧される前に振動目地切り機で厚さ0.23mmの薄鉄板を挿入して造成する（写真－4.14参照）。

4.2.4　本当は隠れた所にもダムがある（地下のダム～グラウチング～）

ダムの基礎岩盤の中の亀裂や断層が原因となって、地下から水が漏れ出し、ダムの安定性を脅かす恐れがある。

これを防ぐために、岩盤に細い孔をボーリングして、そこに圧力をかけながらセメントミルク（セメントと水の混合物）を注入（グラウチング）して、細かな亀裂を埋める作業を行う。これをグラウチングと呼び、そのうち地下の深い所まで施工するものをカーテングラウチングと言う。まさに、コンクリートの堤体は地上のダム、このカーテングラウチングは地下のダムと言える。

カーテングラウチングの施工範囲は、対象となる地盤の透水特性と、その成因によって大きく異なるが、一般に、深度方向には地盤の透水性がその深度に応じた改良目標値に達するまでの範囲、そして袖部は地盤の透水性が、その奥行きに応じた改良目標値に達するまでの範囲又は地下水位が高い場合には地下水位と貯水位（常時満水位とサーチャージ水位の間）との交点までの範囲としている（図－4.11参照）。

カーテングラウチングの施工位置は、コンクリートダムの場合は上流フーチング又は堤内監査廊から行うのが一般的である。フーチング上からの施工は作業効率が良いが、湛水後に追加グラウチングの必要性が生じた場合は対応が複雑となる。

施工時期は、注入効果を高めるために上載荷重となる堤体がある程度打ち上がった後に行うことが望ましいとされ、一般的には15m程度堤体が打ち上がった箇所から順次施工を行う。

グラウチングの留意点としては、グラウチング

写真－4.14　コンクリート打設の流れ（八ッ場ダム）

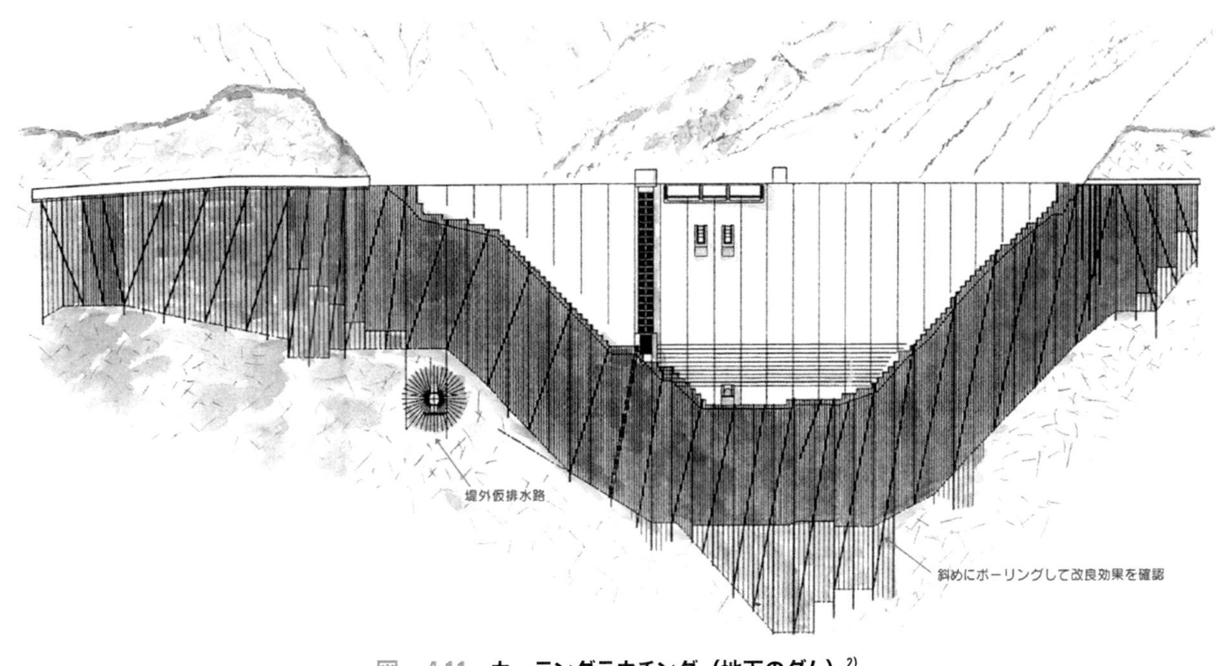

図－4.11　**カーテングラウチング（地下のダム）**[2)]

は、目で直接見ることのできない地盤内部に対して施工するものであるため、所定の目的を確実に達成することと、合理的かつ経済的な施工を行うという相反する課題を解決しなければならないことにある。所定の範囲まで確実にセメントミルクを注入到達させ改良目標値を達成するには、適切な濃度のセメントミルクを確実に地盤内の空隙に注入する仕様を定める必要がある。そのため、施工開始前に、必要に応じて試験グラウチングを実施して注入仕様を決定する。また、ダムの基礎地盤は一様ではなく、グラウチングの改良特性も岩種や岩級、亀裂の状態等によって異なるものであり、隣接する孔であっても透水性や改良特性が異なることが多々みられる。したがって、日々のグラウチングを行っていても最適な注入仕様は常に変化していると考えるべきである。このため、最適な注入仕様で施工するためには、グラウチングの結果を整理分析し、それを次の施工にフィードバックさせることが重要である。

グラウチングは、一般に５ｍごとに削孔してその部分を注入し、次の５ｍを削孔・注入する（施工区間５ｍを「ステージ」と称す）。施工手順を図－4.12に示す。

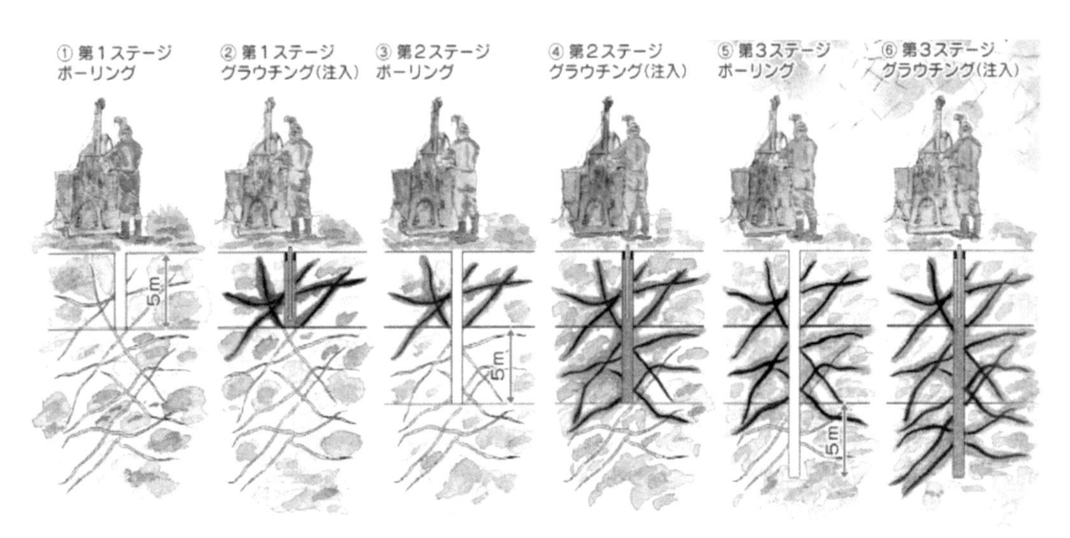

図－4.12　**カーテングラウチング施工手順**[2)]

4.3　先端技術

4.3.1　建設業界の現状

建設業は、建設技能労働者の減少、就労者の高齢化などにより、深刻な労務者不足に直面している。このため、先端技術の活用を推進することにより、「労働環境の改善（休日の確保）」、「労務者１人当たりの生産性向上」を目指している。図－4.13は建設生産プロセスでICT等を活用することによる生産性向上のイメージを示す。「i-Construction」を推進することによる現場作業の効率化により、中長期的に予測される技能労働者の減少分を補完し、工事日数を短縮し、休日を拡大し労働環境の改善、ひいては、若年労働者の確保を目指している。

4.3.2　i-Construction導入事例

(1)　ドローンの活用（３次元データの作成）

従来、土工事の出来形の確認などは、技術者が測量し、平面図や縦断図を作成していた。しかし、この作業は、作業エリアが広ければ広いほど、多大な労力と時間を必要とする。このため、ドローンを活用して、ドローンで撮影した写真から３次元のデータに変換して、自動で出来形などの算定を行う（図－4.14参照）。

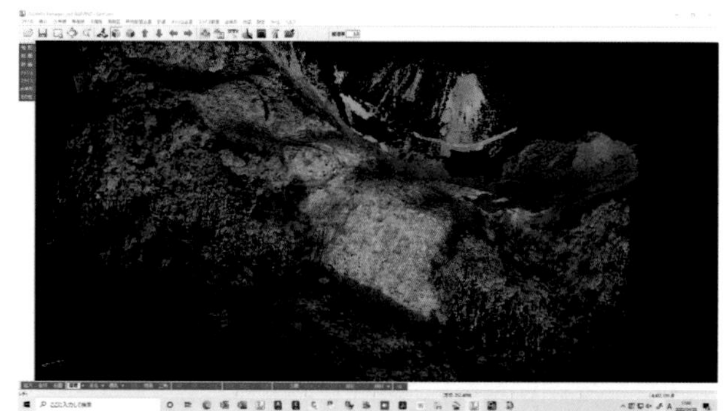

図－4.14　3次元データ化と自動出来形計測[7]

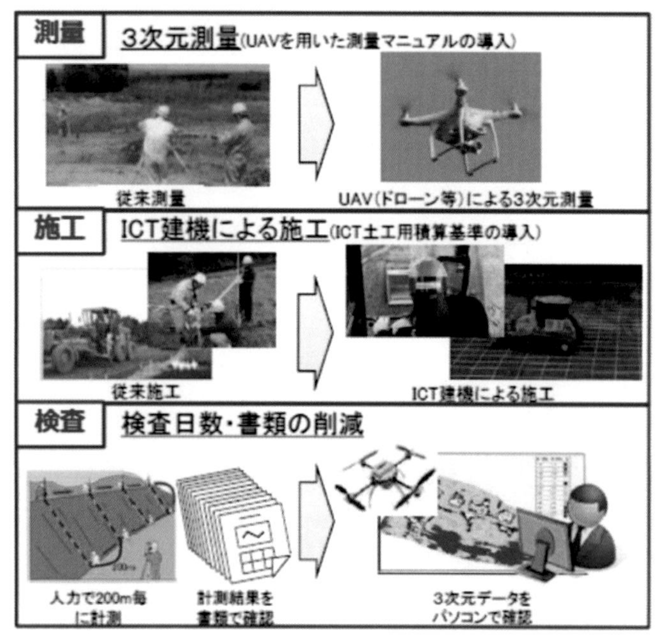

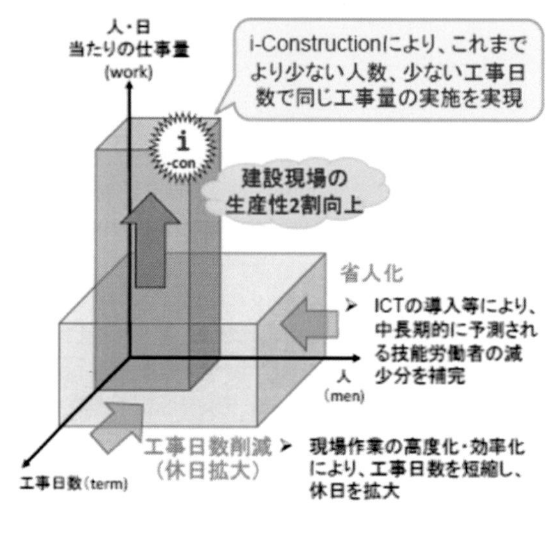

図－4.13　ICT技術の活用による生産性向上のイメージ[6]

(2)　ICT建機による施工

ICT建機とは３次元のデータを有効に活用する建設機械のことで、従来は図－4.15に示すとおり、測量結果や図面を基に現地に丁張りなどの目印を設置して、その目印に従って仕上げ作業を行っていたが、ICT建機は、測量データや図面情報をダイレクトに３次元で取り込み、自動制御で仕上げ作業を行うものである。この機械を使用することで、検測員、作業指揮者、補助員などとの接触事故を防げるうえ、掘削仕上げ作業の効率が大幅に向上する。

写真－4.15は、実際のICT建機の稼働状況である。オペレータは、コクピット内にあるパソコン画面を確認しながら作業を進めることができる。

(3)　ダム建設でのICT施工の取り組み

ダムの建設では、様々な機種の大型機械が数多く稼働している。これらの大型機械を安全かつ効率的に稼働させることは、施工管理上も重要で、従来は毎日の打合せで稼働状況を黒板に記入するなどして管理してきた。しかし、数多くの大型機械の稼働状況をリアルタイムで把握することは、大変な作業であった。ICT施工の取り組みは、作業効率の向上に加わえ安全管理上の効果も期待される。

また、最近ではGPSを使った施工管理システムが導入されており、広範囲で複数の大型機械の稼働状況をGPS搭載のICT建機で一元管理することで、位置情報の他、振動ローラの転圧回数やブルドーザ

1章　2章　3章　4章　5章　6章　7章　8章

図－4.15　従来施工とICT施工の違い

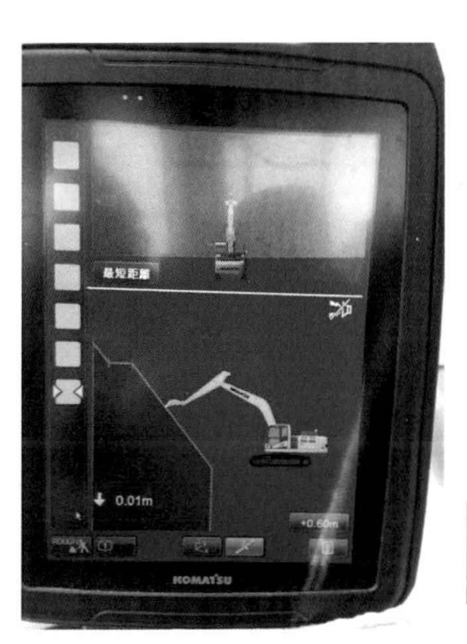

写真－4.15　ICT建機の実際の稼働状況

による敷き均し状況などの施工状況データもタブレット上で一元管理できるシステムなども活用されている（表－4.1参照）。

表－4.1　ICT施工管理システム　適用大型機械の例

	ダンプトラック	振動ローラ	バイバック
GPSアンテナ			
車載PC	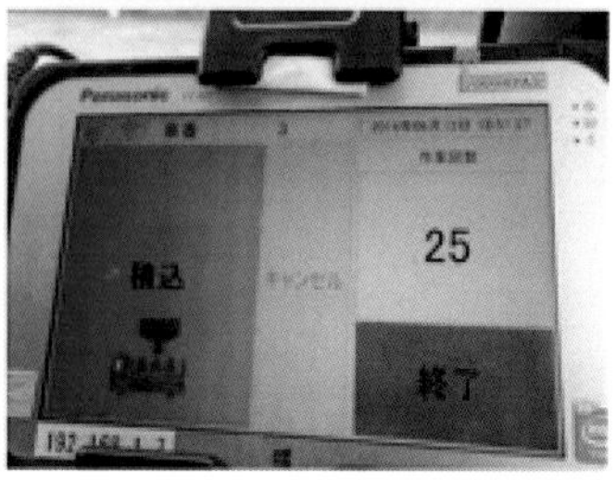	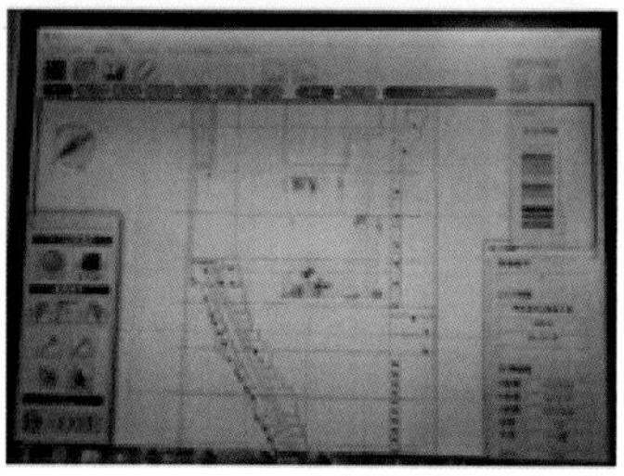	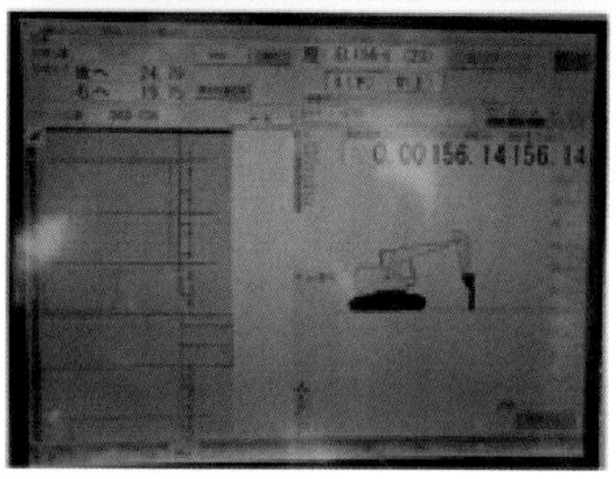

参考文献

1）　一般財団法人ダム技術センター：平成 17 年度版多目的ダムの建設　第 6 巻施工編.
2）　国土交通省 東北地方整備局 長井ダム工事事務所：コンクリートダムができるまで.
3）　清水建設㈱八ッ場ダム作業所 HP
4）　株式会社アーステクニカ HP
5）　一般財団法人ダム技術センター：RCD 工法施工技術資料，平成 31 年 3 月.
6）　国土交通省「i-Construction の推進」https://www.mlit.go.jp/common/001149595.pdf
7）　タイトレック株式会社　提供.

第5章

ダムの運用と維持管理

第5章 ダムの運用と維持管理

近年、大雨による被害が相次いでおり、ダムの役割や運用にも注目が集まっている。

本章では、「治水・利水などのダムの運用」および、「ダム堤体の維持管理や貯水池の堆砂対策技術」について事例を用いて解説する。ダムの運用は治水や最近の豪雨対策に関わる部分を中心に、維持管理はダム機能を持続的に発揮する視点で、堤体ならびに貯水池（堆砂対策）の維持管理を中心に説明する。

5.1　ダムの運用

5.1.1　ダムの目的と容量の関係

(1)　ダムの目的

ダムの目的は大きく、治水と利水に大別される。治水は防災操作や洪水調節とも呼ばれ、利水と比べなじみのある言葉と考える。利水は、流水の正常な機能の維持、かんがい用水・水道用水・工業用水の安定供給、発電などがある。

ダムの目的に応じて治水ダム、かんがいダム、水道ダム、発電ダムなどと呼ばれることもある。また、治水とかんがいなど複数の目的を有するダムを多目的ダムという。

(2)　ダムの高さと容量

ダムの目的に基づき必要とする貯水容量が得られるように、ダムの高さが決定されるが、それだけではなく、地形、地質的制約や社会的制約から決まることも多い。

貯水容量の使い方を定めたものを容量配分図と呼ぶ。

草木ダム（水資源機構）の貯水池内の水の使用目的を示す貯水池容量配分図を図－5.1に示す。草木ダムの高さ140mの半分以上の基礎地盤から85m程度までの高さの容量は堆砂に備えた堆砂容量であり、その上の容量を利水や治水に用いている。図－5.1は、概念図で縮尺は必ずしも正確ではないが、ダム全体の総貯水容量の約85%の容量は、治水や利水のために使用されている。

草木ダムの洪水貯留準備水位がダム天端から約

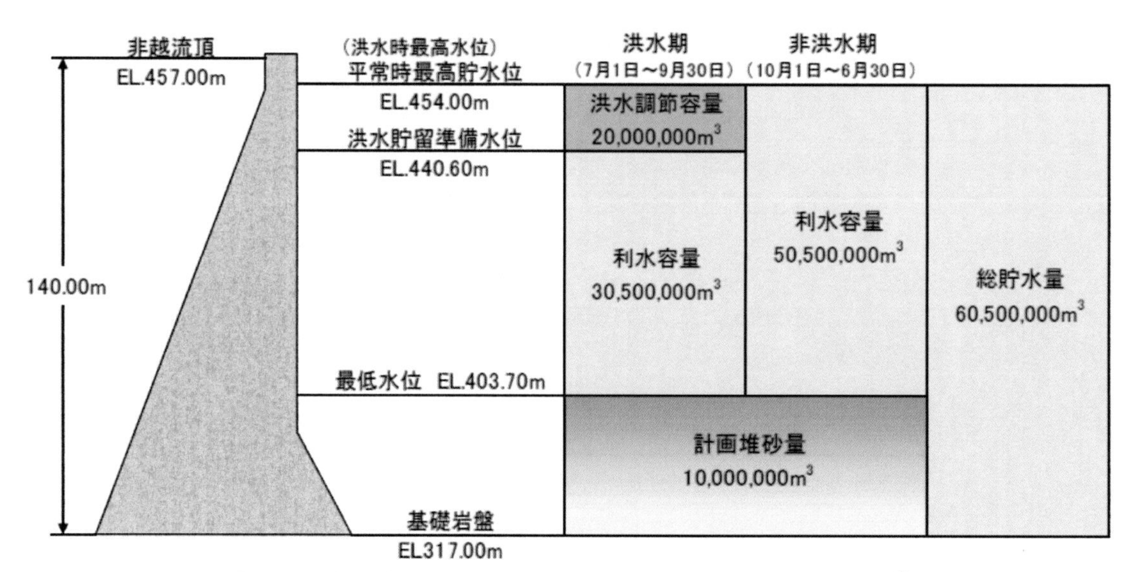

図－5.1　草木ダム（独立行政法人水資源機構）の貯水池容量配分図[1)]

17m下にあるが、そこより上方に2,000万m^{3}という水が貯留できる。谷地形のため、標高が高くなるほど谷幅が広がり、高低差１m当りの貯留する水の量は増加する。

(3)　ダムの水位変動

ダムで貯めた水は、需要に応じ時期ごとに使い道が異なることが多い。治水と利水を目的とする多目的ダムの場合、洪水に備えるため、さらに複雑となる。

図－5.2は、草木ダムにおける平成８年（渇水時）、および平成22年～平成26年の貯水位変動を示したものである。このダムは、治水、利水（かんがい用水、水道用水、工業用水、発電）を目的とし、７月～９月末は洪水に備えて水位を下げている。一方、10月～５月末は、利水のために常時満水位（平常時最高水位）まで貯留可能とするルールである。水を利用するため、貯水位が上下している。図－5.2において、水位が低下している期間は流入水より多くの水をダムから放流し、水位が上昇している期間は逆の操作で水を蓄えている。

図－5.2に示す貯水位の上下は、水の貯留と利用を表した通帳のようなものである。これを見ると大きな洪水が発生したかどうか、渇水となったかなど、ダムの運用をおおよそ把握することができる。

5.1.2　洪水調節操作

(1)　概要

治水を目的とするダムは、下流の洪水被害を軽減するため、もともと河川が持ちこたえる流量まではダムから放流し、それを超える洪水をダムに貯める操作を行う。これを洪水調節操作（防災操作）という。図－5.3は、ダムで洪水を貯留し下流域の氾濫を防止する洪水調節の概念を示したものである。

(2)　洪水調節

洪水調節は、多目的ダムなど治水を目的とするダムで行われ、以下の操作を基本としている。

① 流入する洪水のうち下流に被害を及ぼす恐れがない流量を放流し、それ以上は貯留する。
② 各ダムごとに予め定められたルール（操作規則という）に基づき放流する。
③ 放流量の制御は、ダムのゲートで行う場合と、ゲートを設けない放流口から放流する場合がある。
④ 洪水が終わったら、次の洪水に備えて洪水調節容量に貯めた水を放流して水位を低下させる。

なお、計画以上の流入があると、ダムの貯水容量が満杯となり、さらにダムの天端から溢れる恐れも発生する。この場合、放流量を流入量に近づけて水

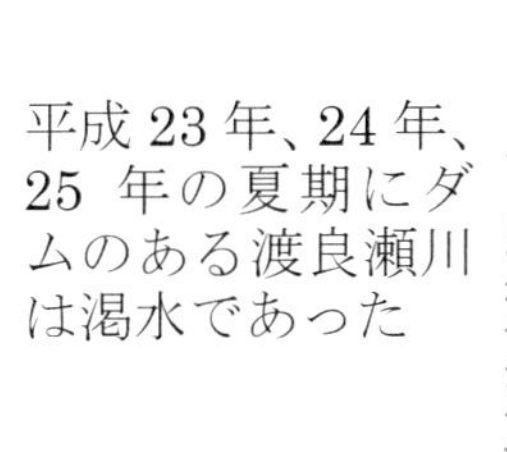

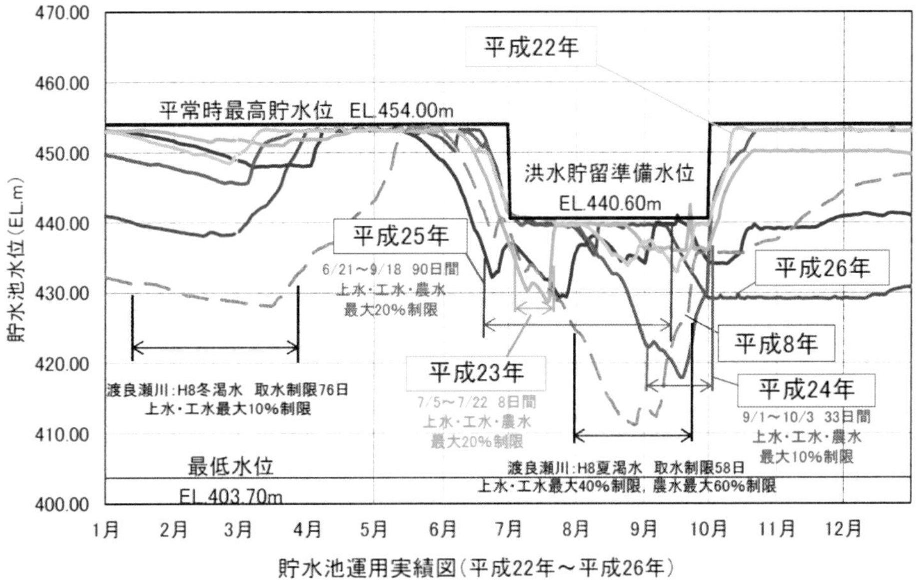

図－5.2　草木ダムの貯水池運用実績図（平成22年から平成26年）[1)]

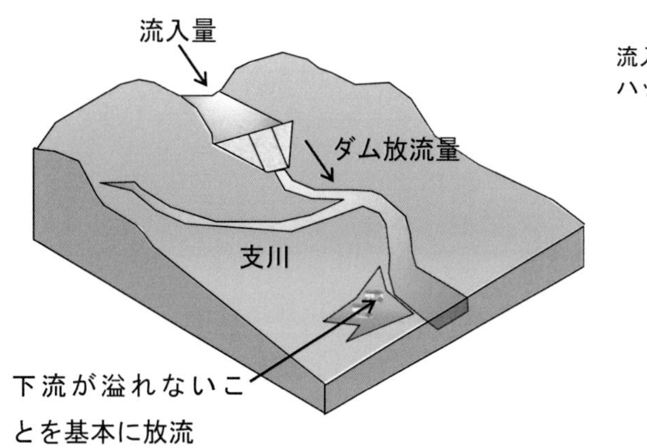

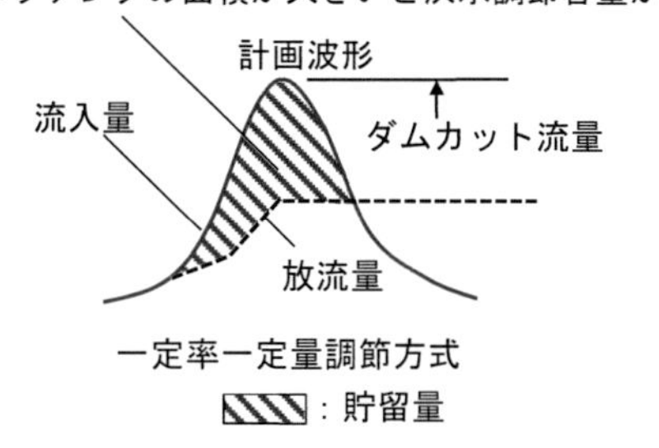

図－5.3　洪水調節の概念図

位上昇を避けダムを越流させない操作を行う。これを「異常洪水時防災操作」と呼ぶ。操作規則の中のただし書きに基づいて行われるため、「ただし書き操作」とも呼ばれ、TVなどでは、最近「緊急放流」と呼ばれることもある。

ただし書き操作を行う場合、ダム管理者は、下流の市町村等の関係機関に事前に連絡すると共に、(6)異常洪水時防災操作の項で述べる警報を実施することとしている。

洪水は毎回、流入量の時間的変化が異なり多種多用である。下流域の被害軽減のためにダム管理者は降雨や河川水位等の情報を収集し、操作規則に基づき、最適なダム操作を行うようにしている。

(3)　利水専用ダムの洪水時の操作

利水専用ダムに洪水が流入した場合、流入洪水は下流に放流し、流入量以上の放流をダムから行わないことを基本としている。なお、大規模な利水専用ダムでは1時間前の流入量を放流するなど、流入量増加時に一時的な貯留操作を行うダムもある。利水専用ダムにおいてもこれら定められたルール（操作規程という）に基づき運用している。

このように、利水ダムにおいても洪水被害を抑止するように操作することが基本である。

こうした利水ダムであるが、令和元年からは、利水ダムを事前放流して下流の氾濫を防ぐ取組が開始されている。令和2年6月時点では、99水系でダム管理者、河川管理者、関係利水者と協定が締結され、豪雨発生時に、事前に水位を低下させて洪水を貯めこむようにされている[2)]。降雨予測精度や水位低下能力の向上など課題もあるが、既存施設を有効活用した異常気象への対応が、より一層期待される。

(4)　ゲートのあるダムとないダム

治水を目的とするダムでも洪水吐きにゲートを有するダムとゲートのないダムがある。ゲートを有しているダムはゲートの開け閉めで放流量を調節（コントロール）するが、ゲートのないダムはどうするのだろうか？答えは、ゲートはなくとも洪水を貯留することはでき、これを自然調節方式と呼んでいる。ゲートダムのゲートを少し開けたまま、動かさないことと同様だと考えていただければよい。

図－5.4は自然調節方式の大分川ダム（国土交通省九州地方整備局）の例である。ゲートのかわりに放流口（枠で囲ったところ）があり、洪水を貯めることができる。ゲートなど機械設備も少なくなるが、放流口の高さより上は洪水時のみ貯留し、利水目的の水は放流口より下のみで貯留するなど制約がある。

図－5.5は、堤体内のオリフィスゲートから放流している浅瀬石川ダム（国土交通省東北地方整備局）の例である。

①　ゲートによるダムの洪水調節

ダムではどのように洪水を調節するのであろうか？ゲートを有するダムでは、図－5.6に示す一定量放流方式や、一定率一定量放流方式で洪水調節を行われることが多い。実線はハイドログラフと呼ばれるダムの流入量の時間変化を示し、点線はダム放流量である。またハッチングしている箇所は、洪水の貯留量を示している。

一定量放流方式は、氾濫せずに安全に河川を流下可能な流量（図－5.6の調節後ピーク流量に相当）までは、ダムで洪水調節を行わない方式で、下流河川の改修が終了しているような河川に適している方法である。一定率一定量放流方式は洪水初期から貯留するため、河川改修が途中の河川において、中小出水でも治水効果が発揮される方式といえる。

何故、ダムで洪水を全て貯留しないかというと、効率的で効果的な洪水調節を行い、地形、地質、社会条件等の制約の中で適切なダム規模とするためである。なお5.1.6で述べる「(1)　特別防災操作」を行う場合、当該ダムの洪水が終了したことを前提に、下流の洪水被害低減のためダムに全量貯留することもある。

図－5.6の操作を行うために、①流入量から放流量を定め、②放流量を貯水位に応じたゲート開度で放流する、という手順を踏むことになる。同じゲート開度でも、貯水位に応じて放流量は変化するため、常に水位と流入量を把握しなければならない。

ところで精度の高い流入量の把握は実は難しい。ダムの貯留量と放流量は貯水位を計測することで把握できる。ダムの水位変動で述べたように、流入量と放流量の差分が貯留量となるため、次の（イ）式を用いて毎時刻当たりの流入量を把握している。

$$Qin = \frac{V_1}{T_1} + Qout \quad \cdots（イ）$$

ここで、流入量Qinは、短時間T_1当りの貯留量の変化V_1と、その時の放流量Qoutから算出する。（イ）式はダムの流入量は、放流量と貯留量の和に等しいという法則に基づくものである。

図－5.4　大分川ダム（国土交通省九州地方整備局）の洪水吐き（ゲートなし）[3)]

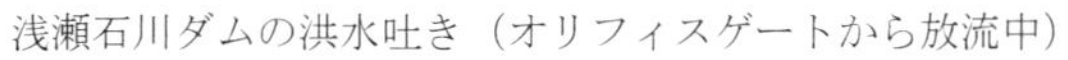
浅瀬石川ダムの洪水吐き（オリフィスゲートから放流中）

(堤体内部の状態)

図－5.5　浅瀬石川ダム（国土交通省東北地方整備局）の洪水吐きとゲート[4)]

●一定量放流方式

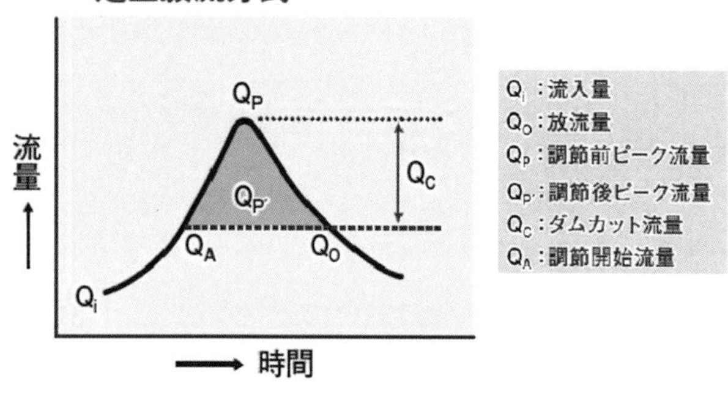

計画範囲の洪水を目一杯貯留させようとする方式

（長所）水位とゲート開度で放流量を決めるため比較的単純な操作
（短所）QA以下の中小洪水は洪水調節しない

●一定率一定量放流方式

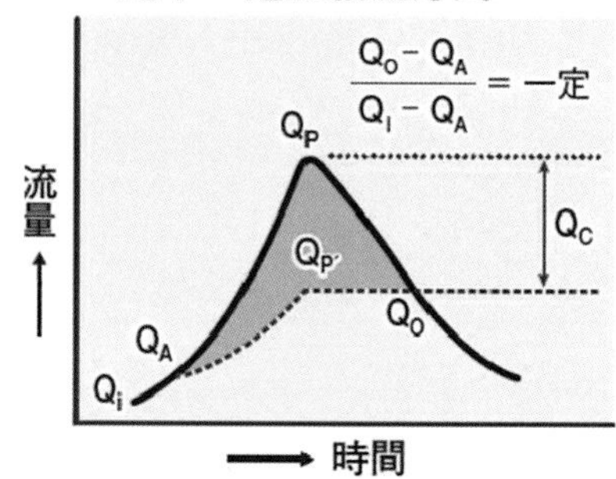

1年に1～3回程度発生する流量から徐々にダムに貯留を始める方式

（短所）流入量の比率で放流するためやや複雑な操作
（長所）中小洪水も洪水調節する

図－5.6　ゲートによる洪水調節[5)]

流入量の変化が激しいと、短時間で水位を把握して放流量を決定することが困難となる。豪雨時には貯水池の風波浪も大きく正確な水位の把握に時間を要するなど様々な要因があるためである。このため、降った雨がすぐに集まる（≒流入量の変化が短時間で発生する）ような、流域面積の小さなダム（約20km^{2}以下）では、ゲートを操作しない自然調節方式が採用されている。

なお、停電など不測の事態が発生しても、確実、適切な洪水調節操作を行うため、ダム管理に携わる人は、日々訓練を重ね、対応している。

②　自然調節方式

図－5.7に示す自然調節方式は、放流量の形が一定率一定量方式に似ている。しかし、図－5.8に示すように洪水吐きからの放流は、洪水吐き設置高さまで貯水位が上昇しないと放流されず、貯水位で放流量が決定される点が一定率一定量方式と大きく異なる。

自然調節方式では、図－5.7に示すような計画洪水のハイドログラフを降雨パターンに応じて作成し、下流河道を安全に流下する放流量となるように、放流口の大きさを決定している。

自然調節方式では、洪水の立ち上がりでは流入量Qinが小さく、水位上昇量（＝貯留量V_1）ならびに放流量Qoutも小さい。その後流入量が大きくなっても、放流口も絞っているためQoutはそれほど大きくならない。そして前述の（イ）式を満足するためには貯留量V_1が大きくなる（貯水位が大きく上昇する）。

なお、図－5.6、7でダム貯水位が最も上昇するのは、洪水ピーク後に流入量＝放流量（実線と点線が交わる）時点である。

(5)　ダムの警報

ダムから放流を開始する場合はサイレンやスピーカーで、下流河川を利用している人に危険を知らせ

●自然調節方式

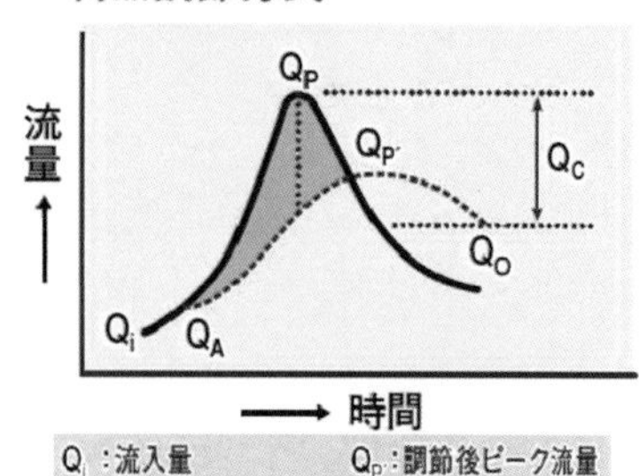

Q_i ：流入量　　$Q_{P'}$ ：調節後ピーク流量
Q_O ：放流量　　Q_C ：ダムカット流量
Q_P ：調節前ピーク流量　　Q_A ：調節開始流量

洪水吐きにゲートを有しておらず、自然に洪水吐きから放流する方式。
放流量は洪水吐き（穴）の大きさとダムの水位によって決定される。

（短所）一定量・一定率よりも大きな貯水容量が必要となる
（長所）ゲート操作を行わないため、操作要員が削減される。中小洪水も洪水調節する

図－5.7　自然調節方式による洪水調節[5)]

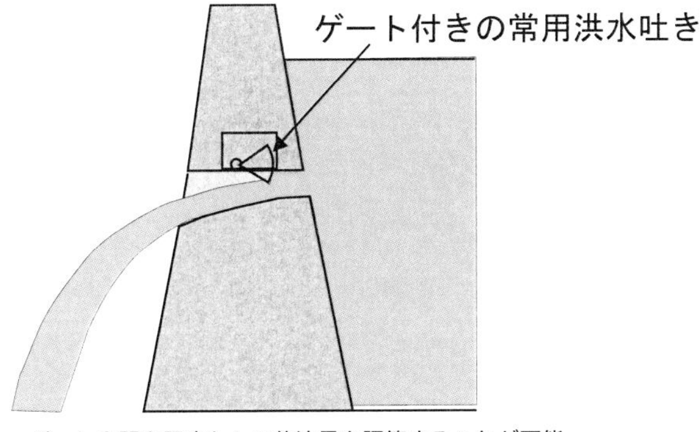

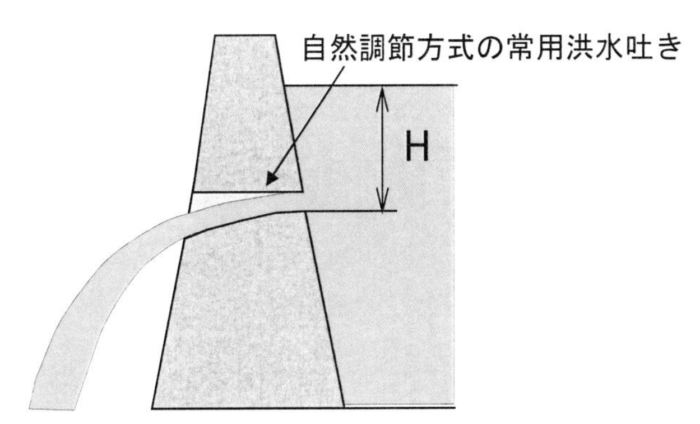

・ゲート全開を限度として放流量を調節することが可能

・水位が上昇すると放流量が増加し、水位が低下すると放流量は少なくなる

図－5.8　ゲートによる調節と自然調節方式の概念図

避難を促すために警報を行う。

放流警報は、洪水調節を行う場合など、川の水位がすぐに上昇する場合や「(6)　異常洪水時防災操作」の項で述べるようなダムの計画以上の水を放流する場合にも行われる。このため、川からの退避を促す図－5.9のようなダム利用者の啓発例も見かけられる。

放流警報は、河川の利用者に対して、サイレン、スピーカー放送の他、警報車による巡視、監視カメラなども活用される。また、多くの人が集まる場所には情報表示板が設置されることもある（図－5.10参照）。

(6)　異常洪水時防災操作（ただし書き操作）

計画を超える大洪水時に、「(2)洪水調節」でも記述したように貯水位が洪水時最高水位を超えることが予測される場合、ダム本体の越流を防ぐため放流量を流入量まで増加させる「異常洪水時防災操作」が行われる。

図－5.9　ダム放流前の川からの退避を啓発するHP[6)]

「異常洪水時防災操作」は、降雨予測や今後の流入量予測、貯水位予測を行い、その開始を判断する（図－5.11参照）。この操作では、ダムから大きな放流が行われるため、ダム下流沿川では事前にサイレンやスピーカーを通じて警報が行われる。

また、異常洪水時防災操作では、ダムがない場合と比べて被害が拡大しないよう、ダムからの放流量はダム流入量の範囲内に留まるように操作される。また、放流量を流入量と一致させるように増加させる操作の間にもダムが貯留するため、計画以上の洪水とはいえ、氾濫被害を低減させる、あるいは被害の発生を遅らせるなどの効果を発揮する。

異常洪水時防災操作の発表は、ダムの洪水調節効果が減少して自然のままの洪水の流れとなり、河川水位がこれまで以上に上昇し氾濫のリスクが高まることを示している。さらなる被害軽減のために、日頃からダム放流情報をダム下流域の自治体、住民に対し、誤解のないように円滑に伝え、必要な防災行動の実行につながる取組を行っておくことが重要である。

5.1.3　用水の補給

(1)　概要

我が国の河川は、河川勾配が急で洪水は短時間で海に流れてしまう。このため、古くから用水を確保するため、溜池やダムなどが造られてきている。

図－5.12は、ダム建設前と建設後でダム下流の河

警報車（左上）、ダム情報表示板（右上）、
CCTV設備（右下）、放流警報設備（左下）

図－5.10　宮ヶ瀬ダム（国土交通省関東地方整備局）の警報設備[7]

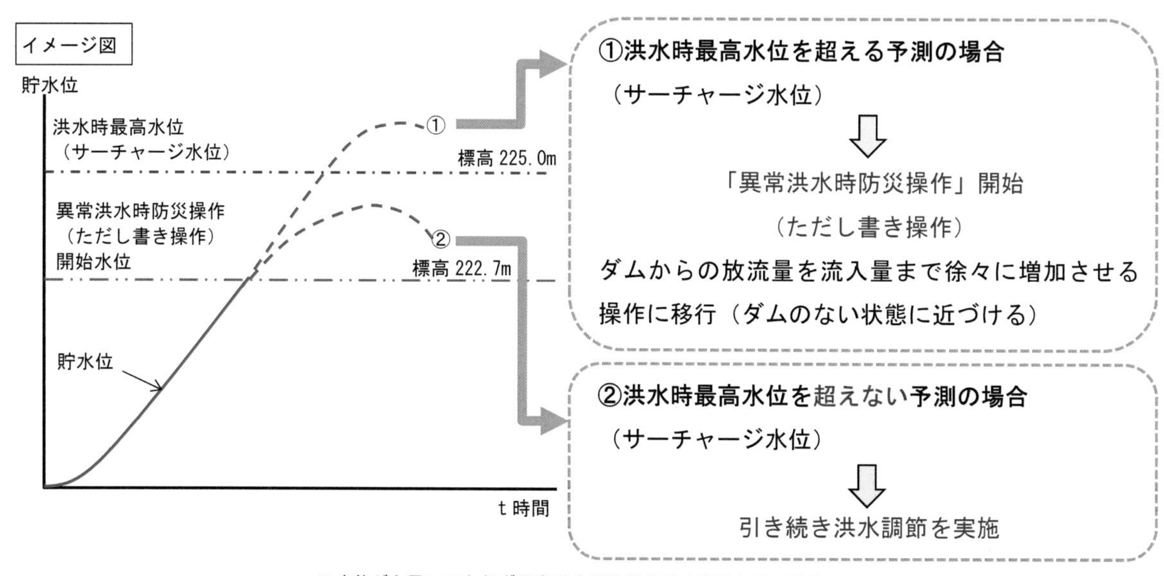

※水位が上昇しても必ず異常洪水時防災操作を行うわけではない。

図－5.11　予測情報に基づくダム貯水位の経時変化[8]

川流量の違いを示したものである。ダムは、右図のように、増水時の水を貯留し、維持流量やダム建設に伴う新規の利水に使用するための流量を河川に流している。

(2)　維持流量と正常流量

河川には一定の流量がなければ河川環境、河川利用、河川管理などに支障が生じることになる。そこで、舟運、漁業、景観、塩害の防止、河川管理施設の保護などを総合的に考慮した、渇水時においても維持すべき流量が定められている。これを維持流量と呼ぶ。

また、古くから川の水を農業で使っているように、ダム建設前から水利用（慣行水利権と呼ぶ）がある場合、これを水利流量と呼ぶ。そして維持流量と水利流量を合わせたものが正常流量である[9]。

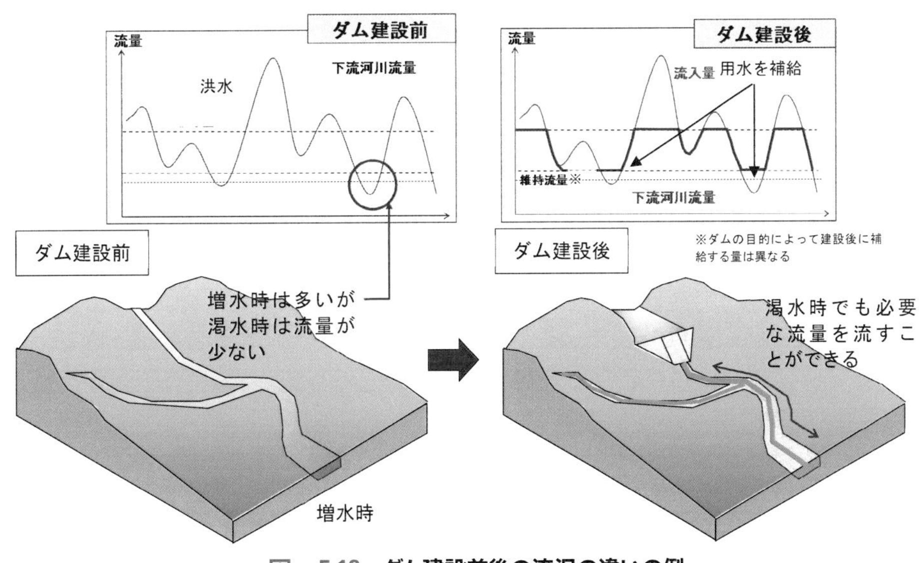

図－5.12　ダム建設前後の流況の違いの例

(3)　流水の正常な機能の維持とダムの操作

本章の冒頭で述べたダムの目的の中で、少しなじみのない言葉として、「流水の正常な機能の維持」があった。渇水時には前述の正常流量より川の水が少なくなることがある。「流水の正常な機能の維持」とは、このような時でもダムの放流で河川の正常流量を確保することをいう。流水の正常な機能の維持は、その公益的な趣旨から、多目的ダムなど河川管理者が設置したダムにおいて目的の一つとされている。

「流水の正常な機能の維持」を目的とするダムでは、この正常流量を放流したうえで、ダムの利水目的に応じた新規水利流量を補給している。なお、正常流量と新規水利流量を足し合わせたものを確保流量と呼んでいる。このため、実際の下流河川流量をモニタリングして、予め定めた確保流量に対する不足分をダムから補給するように操作している。

(4)　水を流す設備

維持流量や用水の補給など、平時（洪水時ではない）のダムからの放流は図－5.13に示すような、洪水吐きとは異なる専用の施設（取水・放流設備と呼ぶ）で行う場合が多い。洪水吐きと取水・放流設備を別々に有しているのは、貯水池表層の温かい水を農業用水として取水したいなど目的に特化できる点もあるが、そもそも図－5.2に示すように利水と治

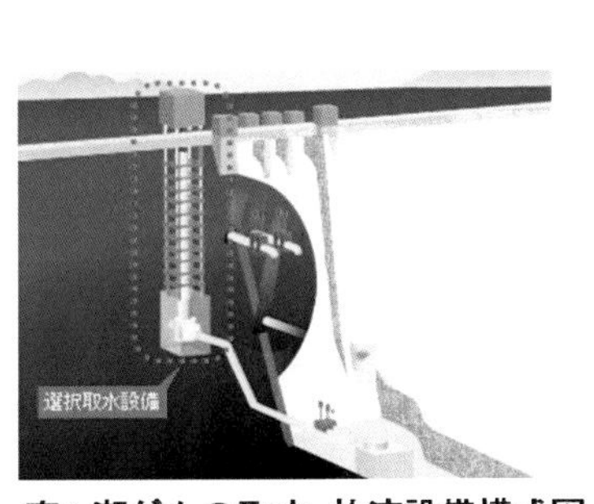

宮ヶ瀬ダムの取水・放流設備模式図

取水塔

取水塔の内部

放流バルブ室

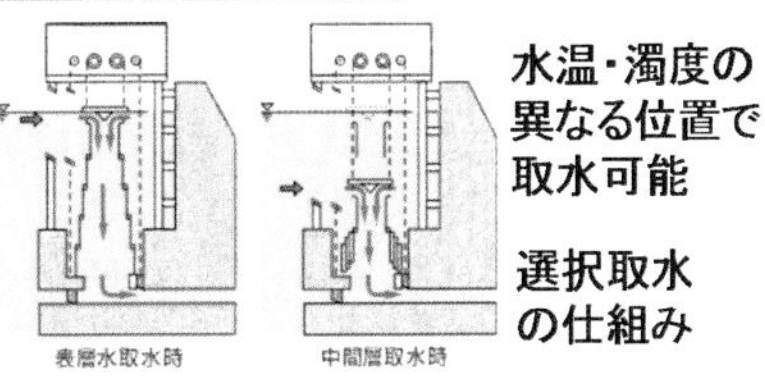

水温・濁度の異なる位置で取水可能

選択取水の仕組み

図－5.13　宮ヶ瀬ダム（国土交通省関東地方整備局）の取水・放流設備[10)]

水で使用する貯水池の容量（貯水標高）や必要とされる放流能力が大きく異なっており、共用が困難であるためである。

図－5.13は宮ヶ瀬ダムの選択取水設備の概要を示している。水道用水等の取水のため、貯水池の水温や濁度に応じて取水できる選択取水設備が設置されている。

5.1.4　発電

(1)　水力発電の方式

水力発電には、水利用の分類として表－5.1に示す流れ込み式、調整池式、貯水池式、揚水式があり、構造形式の分類として、水路式、ダム式、ダム水路式などの方法がある。

構造形式の代表的な例として、ダム式とダム水路式を紹介する（図－5.14参照）。

① ダム式：ダムにより河川をせき止めて池を造り、ダム直下の発電所との落差を利用して発電する方式。調整池式や貯水池式と組み合わせることが一般的。

② ダム水路式：ダムで貯めた水を水路で下流に導きダム直下より大きな落差を利用して発電する方式。調整池式、貯水池式、揚水式と組み合わせることが一般的。

(2)　水力発電の運用

ダムは水力発電の蓄電池の役割も持つといわれる。図－5.15に示すように、電力需要の多い昼間に発電のため放流し、夜間は発電せずに貯留するなどの操作を行い、電力のピーク需要に応えるために運用される場合が多い（調整池式や揚水式など）。

このような運用を行うダムでは、ダムからの放流量や貯水池の水位が、電力需要によって1日の間でも大きく変化する。

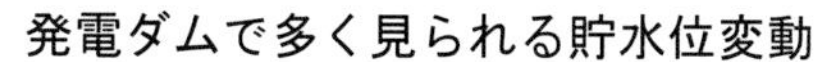

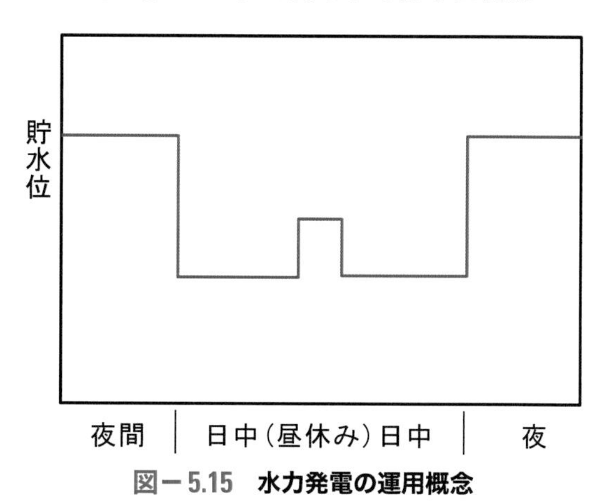

図－5.15　水力発電の運用概念

表－5.1　水力発電の水利用に着目した分類[11]

分　類	内　容
流れ込み式	河川水を貯めることなく、そのまま発電に使用する方式
調整池式	夜間や週末の電力消費の少ない時には発電を控えて河川水を池に貯め込み、消費量の増加に合わせて水量を調整しながら発電する方式
貯水池式	水量が豊富で電力消費量が比較的少ない春先や秋口などに貯留し、電力消費量の多い夏季や冬季に貯めた水を使用する年間運用の発電方式
揚水式	昼間のピーク時に上池に貯められた水を下池に落として発電を行い、下池に貯まった水は電力消費の少ない夜間に上池にくみ揚げられ、再び昼間の発電に備えるもの。揚水式は、池の水を揚げ下げして繰り返し使用する発電方式

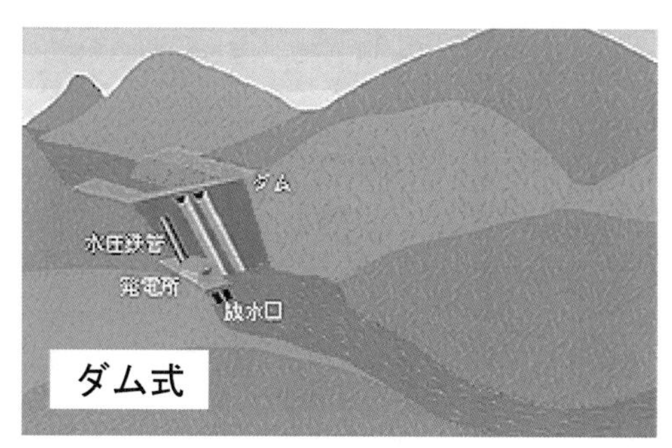

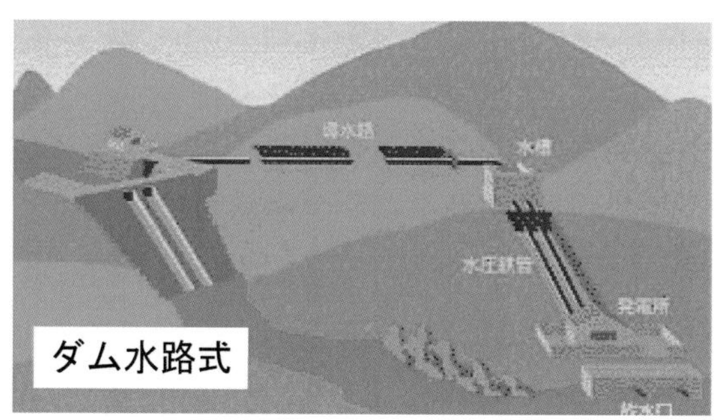

図－5.14　ダム式とダム水路式発電[11]

5.1.5 ダム操作のための情報収集

ダムでは、治水や利水の操作運用を行うため、日常的に河川の水位、流量、流域の水文・気象等の各種情報を収集・把握している。

(1) 情報収集の目的

① 洪水調節

洪水調節を行うため、雨量・水位等のデータ収集を行い、洪水調節を行う体制に入る準備を行う。この時、ゲートなどの点検や、洪水吐きからの放流に備え河川利用者の安全確保のための下流河川の巡視や警報なども行う。

② 利水

必要な用水の安定的な供給のため、ⓐ下流河川の基準地点の流量を測定し、所要の流量が確保されているかどうか把握し、ⓑ時期ごと決められている所要量を満足するように補給量を計算し、取水放流設備から放流している。

(2) ダムにおける情報収集

流域内の雨量、水位、流量、水質などの情報やダム地点の放流量や流入量をリアルタイムで収集して、各種の判断に利用している（図－5.16参照）。

5.1.6 気候変動などへの対応

(1) 特別防災操作

ダムの洪水調節は、操作規則や操作細則というルールに基づいて運用している。一方、気候変動などで豪雨が多発している状況下で、アメダスなどの観測網・観測技術の充実や降雨予測精度の向上により、現況および今後（数時間先まで）の降雨状況が把握できるようになったことから、ダムの安全確保を前提として図－5.6に示した一定量放流などのルールを上回る貯留を行う特別防災操作を実施することがある。

図－5.17は、八田原ダム（国土交通省中国地方整備局）の事例で、洪水調節中に降雨がなくなり、洪水調節終了の見通しが確実な場合となったことから、下流河川の浸水被害軽減のために流入量の大部分を貯め込む特別防災操作を実施している。通常の操作ルールでは、図－5.17の点線のように最大193m³/ s放流するところ、実線のように50m³/ sに放流量を絞り、330万m³を追加貯留した。

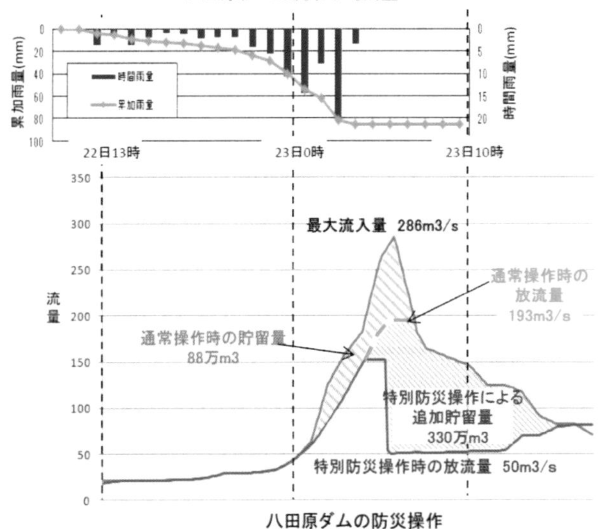

図－5.17 特別防災操作によるダムの貯留（八田原ダム（国土交通省中国地方整備局）H28. 6月洪水）[13]

雨量計

河川の水位計

観測データの分析

図－5.16 情報収集例[7), 12)]

(2) **事前放流**

予め大きな洪水がくると予想される時に洪水調節効果をより高めるために、洪水前に利水容量の貯留水を放流して貯水位を下げておくことで、空き容量を増加する操作を事前放流（洪水貯留準備操作）という（図－5.18参照）。

事前放流は治水を目的とするダムでは以前から運用されていたが、令和元年から、利水ダムでも河川管理者等と協定を結び運用が開始されている。

事前放流の留意点は、もし予想が外れて大雨が降らないと、利水目的で貯留したダムの水が失われ、飲料水や農業用水などの不足といった大きな問題が発生する恐れがある点である。特に近年の気候変動の影響により、水害の頻発化・激甚化とともに、渇水の増加も懸念されており、渇水被害リスク軽減のため、数日前からの降雨量・ダム流入量の予測の精度向上を図ってゆくことが重要である。

こうした課題はあるものの、豪雨前に流域内の多くのダムで事前放流を行うことで、被害軽減が期待されるため、今後の活用がおおいに期待される。

また、既設ダムで事前放流を行う場合、

・利水容量内の放流設備位置：水位を低下できる高さに制約がある
・放流能力：取水・放流設備の放流能力が小さいと、数日で低下できる量に制約がある

など、施設的な課題を有しているダムもある。これらのダムでは、施設の改良を含めた改善が期待される。

5.2　ダムの維持管理

ダムの維持管理は、土木構造物、機械設備、電気通信設備、貯水池周辺斜面等の多様な設備等に加え、貯水池の堆砂や水質、環境等も対象としており、さらに流水を管理するための操作を行うなど、広範な技術を用いて行うものである。

現在、新規のダム計画が少ない中でも気候変動の影響を考慮すると、既存ダムの重要性が増大するため、維持管理を適切に行い、ダムの長寿命化を図る必要がある。長寿命化は、ダム堤体のみならずダム貯水池も長寿命化を図る必要がある。

本節では、主に国土交通省が管理する堤体の維持管理について概説するとともに、貯水池の維持管理として堆砂対策について述べる。なお、貯水池の水質や環境は、次の第６章「ダムと環境」で述べることとする。

5.2.1　堤体の管理

(1) **概要**

我が国では、アースダムは千年以上の歴史がある。また、百年以上経過したコンクリートダムは現在でも活躍している。このように、維持管理を適切に行えばダム堤体は数百年以上健全である。ここでは、ダム堤体の維持管理について解説する。

なお、ダムには、堤体をはじめとする土木構造物

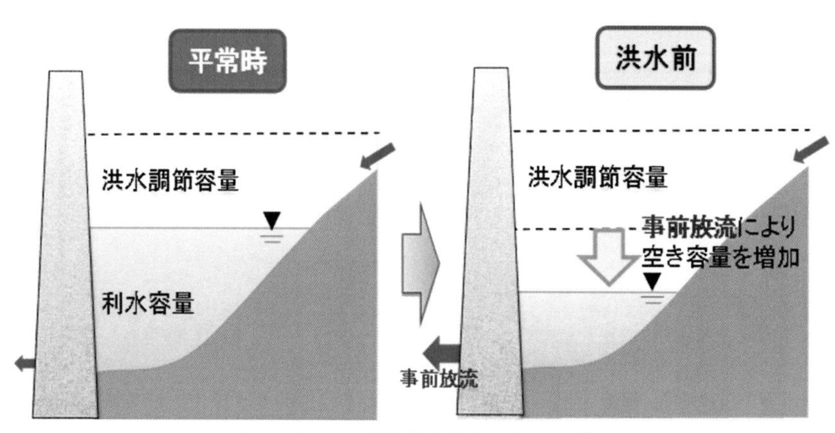

図－5.18　事前放流操作の概念図[14)]

の他、ゲート、取水・放流設備のような機械設備、テレメータなどの電気通信設備等がある。これらの施設の機能維持を行うとともに、施設全体として必要な機能が発揮できるよう維持管理を行うことが基本である。

(2) ダム堤体のモニタリング

ダム堤体の状況を計測や点検などで把握するモニタリングを行っている（図－5.19参照）。

堤外のモニタリング：目視を中心に、日常的に点検する。

堤体内のモニタリング：ダムの内部や基礎部に、人間が歩ける通廊（監査廊）があり、この通廊を利用して堤体や放流設備などの点検、各種の計器による測定、漏水の堤体外部への排水などを行う。

(3) 各種施設の点検や補修

ゲートや電気・通信設備は定期的に点検し、必要に応じ、補修や交換を行っている（図－5.20参照）。また、貯水池に流入した流木も洪水後に処理している（図－5.20参照）。

(4) 既設ダムの完成後経過年数区分の経年推移と維持管理

図－5.21は、我が国ダムの完成後の経過年数を10年未満、10～30年、30～50年、50年以上に区分してその経年変化を表したものである。今後も完成後の経過年数が50年以上のダムの増加が著しいことがわかる。

経過年数が増加すると、機械設備、電気通信設備の更新数も増え、維持管理費用は増加する。このた

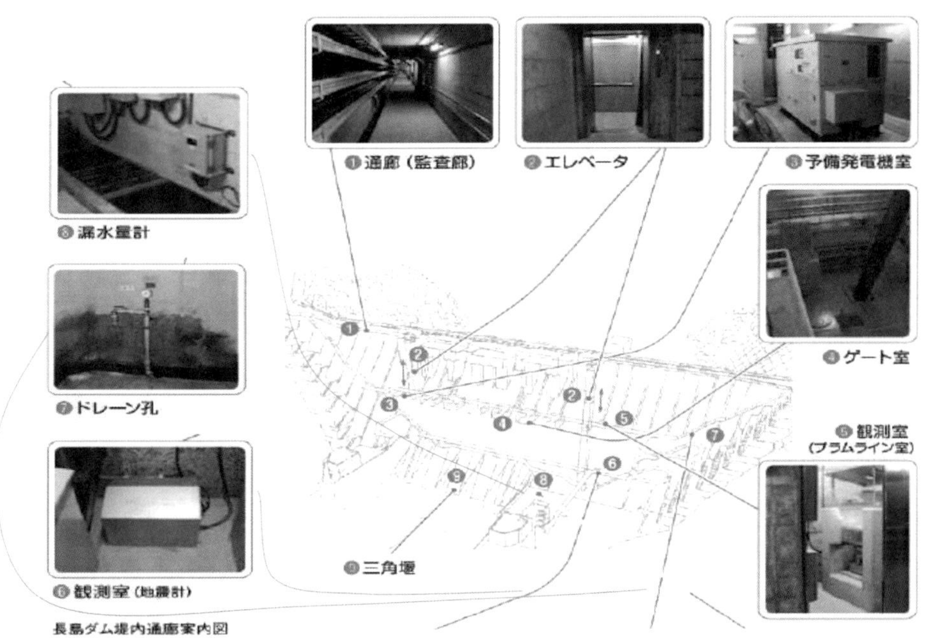

図－5.19　ダム内部の点検施設[15)]

ゲート巻上げ機の点検

放流バルブの補修

貯水池内の流木処理

図－5.20　各種施設の点検補修[12)]

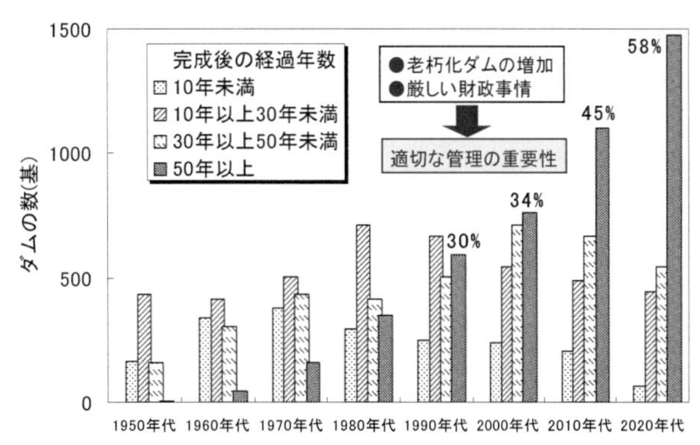

図－5.21　既設ダムの完成後経過年数区分の経年推移[16)]

め、各ダムの管理データを一元化したシステムでデータベース化し、ダム管理者間で共有することで、施設の補修・更新時に活かすなど、適切な管理を進めることが重要となる。

(5)　ダムの安全管理

①　ダムの挙動の計測

ダムは重要な構造物であり、法令で堤体の挙動を計測しておくことが定められている。

表－5.2は、ダム型式と堤高に応じて必要となる漏水量や堤体の変形など、最小限の計測項目を示したものである。なお、平成7年の兵庫県南部地震以降、地震動の計測は事実上の必須項目となっている。

②　ダムの点検

ダムの状態は、前述の日常点検や臨時点検、及び定期検査で把握し、変状の発生を初期段階で検出して対応の判断を行っている。さらに、ダムの長寿命化を図るために、長期的な挙動のチェック、必要に応じて詳細調査を行い、専門家が助言するダム総合点検を実施している。図－5.22に国土交通省におけるダムの点検・検査の構成を示す。

③　地震発生後のダム臨時点検の実施

ダムでは以下の規模の地震が発生した場合には、速やかに臨時点検を行っている。

・ダムの基礎地盤、あるいは、堤体底部に設置した地震計により観測された地震動の最大加速度が25gal以上である地震

・ダム地点周辺の気象台で発表された気象庁震度階が4以上である地震

また、最大加速度が80gal以上である地震（最大

表－5.2　河川管理施設等構造令 第13条（計測装置）[17)]

（計測装置）
第13条　ダムには、次の表の中欄に掲げる区分に応じ、同表の下欄に掲げる事項を計測するための装置を設けるものとする。

項	区分			計測事項
	ダムの種類		基礎地盤から堤頂までの高さ（単位m）	
一	重力式コンクリートダム		50未満	漏水量　揚圧力
			50以上	漏水量　変形　揚圧力
二	アーチ式コンクリートダム		30未満	漏水量　変形
			30以上	漏水量　変形　揚圧力
三	フィルダム	ダムの堤体が概ね均一の材料によるもの		漏水量　変形　浸潤線
		その他のもの		漏水量　変形

2　基礎地盤から堤頂までの高さが100m以上のダムまたは特殊な設計によるダムには、前項に規程するもののほか、当該ダムの管理上特に必要と認められる事項を計測するための装置を設けるものとする。

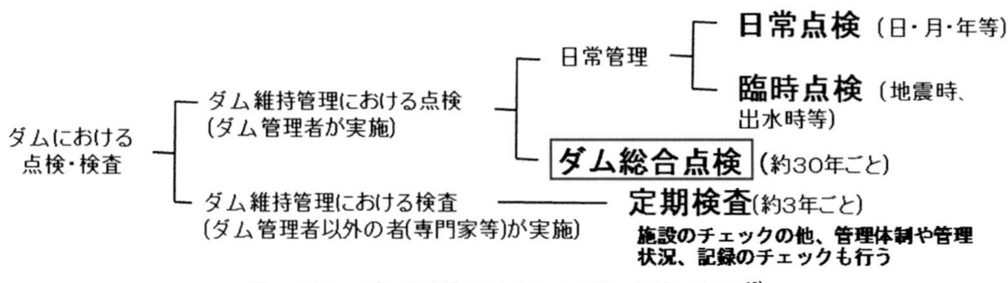

図－5.22　ダム維持管理における点検・検査の構成[18)]

加速度を測定していない場合を含む）又は気象庁震度階が５弱以上である地震の場合には、速やかに目視主体の一次点検及び詳細な外観点検と計測結果による二次点検により被害の状況を把握するものとされている。加えて、最大加速度80gal未満である地震で、かつ気象庁震度階が４以下である地震の場合には、一次点検により迅速に被災概要を把握するものとされている。

④　ダムの安全性の判断

表－5.2で示した漏水量や変形などの計測値は、イ)貯水位変動などの外力の変化に計測値が正常に追随しているか、ロ)貯水位、堤体の温度等の外的要因を一定とした場合に、計測値がほぼ一定値となる、という観点で安全性を評価している。ロ)については、時間と共に変化することが一般的で、表－5.3、表－5.4に示すように計測値の傾向で安全性を判断している。

5.2.2　ダム貯水池の堆砂

(1)　土砂堆積の過程

ダムは水と共に上流から下流する土砂も貯留する。図－5.23にダム貯水池の堆砂の進行概要を示す。

堆砂は、洪水時に河川の土砂を含む流れが流水池に流入し、貯水池では大きな粒径から貯水池末端付近で沈降し、細かい粒径も沈降しながら堆積するこ

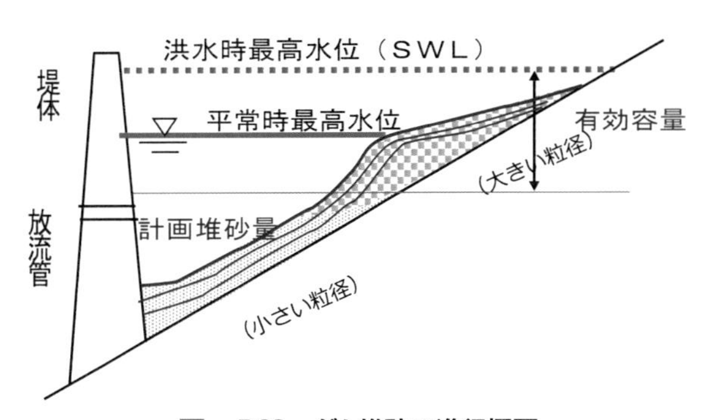

図－5.23　ダム堆砂の進行概要

表－5.3　貯水位が一定の条件下での計測値の傾向 (1)[16)]

条件	(i)	(ii)	(iii)
概念図	計測値 時間	計測値 時間	計測値 時間
概念図の説明	測定値が外荷重の変動によって増減するが、同一の荷重状態でみるときに時間とともに減少する場合。	測定値が同一の荷重状態でみるときに時間に無関係に一定している場合。	測定値が同一の荷重状態でみるときに時間とともに増加しているが、その増加している割合が時間とともに減少している場合。
状態	完成後、数年以上経過したダムでよく見られる現象で極めて安定した状態である。（変形、応力ではあまり見られない。）	極めて安定した状態にある。（特に、変形、応力の場合。）	湛水直後のダムによく見られる現象である。この状態は、いずれは安定化する傾向を示している。

表－5.4　貯水位が一定の条件下での計測値の傾向 (1)[16)]

条件	(iv)	(v)	(vi)
概念図	計測値 時間	計測値 時間	計測値 時間
概念図の説明	測定値が同一の荷重状態でみるときに時間とともに増加していて、その増加する割合が時間に無関係に一定している場合。	測定値が同一の荷重状態でみるときに時間とともに増加していて、その増加する割合が時間とともに増加している場合	測定値が同一の荷重状態で急激に増加していく場合。
状態	注意が必要な状態にある。しかし、(iii)の状態にあって収斂が遅い場合にも(iv)の状態にあるように見えることがある。いずれにしても原因究明の調査、必要に応じた対策の検討が必要になってくる。	迅速な対策が必要となる。	ダムの安全性に大きな影響を与える部分の測定値がこのような傾向を示したときには、貯水位を下げる等の緊急な処置が必要となる。

とで発生する。またウオッシュロードと呼ばれる細かい粒径の一部はダム下流へと流下する。

ダムは水を貯めてその役割を果たす施設であり、堆砂は避けることができない。このため、我が国では、通常、100年分の堆砂量を予測し、その容量をあらかじめ貯水池内に見込んでいる。

(2) 堆砂による影響

ダムの堆砂は、貯水池容量の減少の他、①貯水池上流の河床の上昇、②下流への土砂供給の減少を引き起こす。

上流の河床上昇は洪水の危険性を増大させ、下流の河床低下は取水施設の機能低下や橋脚・護岸の基礎の浮き上り等による安全性の低下を招く場合がある。また土砂供給の減少は、河床形態の変化・河床材料の粗粒化を発生させるなど、多方面に影響を及ぼす。

しかし、一方で洪水時の下流の河床上昇を防止し、土砂災害を防ぐ効果も期待される。

(3) ダム堆砂の現状

① 堆砂量

ダム堆砂の概況は以下のようである。

- 日本のダム数は約2,700（高さ15m以上）で、この内、総貯水容量が100万m^3以上のダム（約900ダム）は堆砂量を調査している。
- 堆砂調査ダムの内、近年完成（完成後20年程度）ダムの半数程度は当初予測を下回る堆砂である。
- 堆砂の進行速度は個々のダムでばらつきが大きく、一部のダムでは、予測よりも早く堆砂が進み、課題となっている。

国土交通省や電力ダムなど堆砂状況が公開されている約1,000基のダムのデータ（平成25年度末時点調査）を図－5.24に示す。左図の全ダム合計（平均）で実績堆砂率（実績堆砂量／総貯水容量）は８%程度であるが、中部地方で約18%と大きくなっている。

② 堆砂の粒径

ダム堆砂は砂礫だけでなく、シルト・粘土を含む。国土交通省が管理するダムについて、堆砂の粒度を把握するため、ボーリングで土砂を採取した調査結果から、シルト・粘土のような微細粒分が堆砂の半分以上を占めていることがわかっている。

流入土砂の粒径はダム流域の地形、地質で異なるが、調査された26ダムの平均では、粘土20%、シルト34%、砂32%、礫14%である[20]。

(4) 堆砂対策

① 概要

堆砂対策方法を分類したものを図－5.25に示す。堆砂対策には、ダム流入土砂の軽減対策、流入土砂の通過策、堆積土砂の排除などの対策が実施されており、これをダム貯水池の土砂管理と呼んでいる。また、貯水池で実施されている堆砂対策を図－5.26に示す。

従来から、土砂を掘削して、骨材や盛土材等へ活用する取り組みが行われていた。以下では、土砂を下流河川に流す取り組み例を紹介する。

② 土砂還元（置土）

ダム堆砂の一部を掘削し、下流に下流土砂還元（置土）する事例は、全国的にも増加している。長

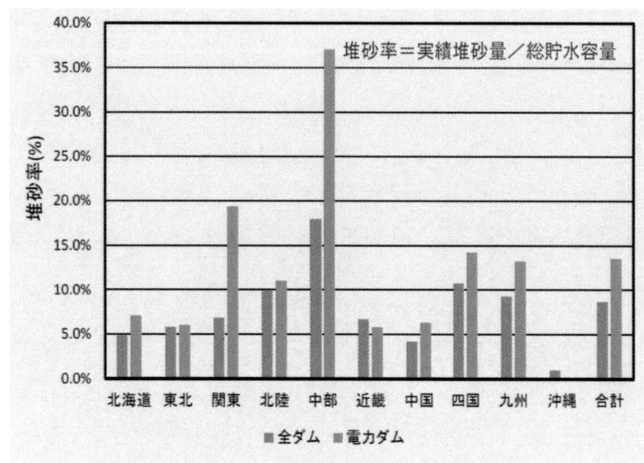

地域別堆砂率（実績堆砂量／総貯水容量）

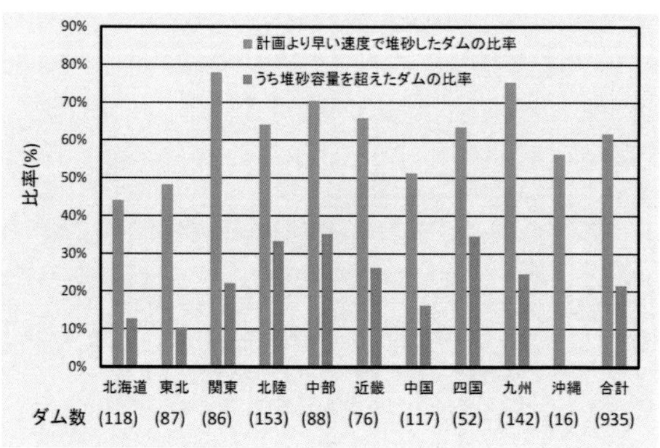

計画より早い速度で堆砂しているダムと堆砂容量を超えたダムの比率

図－5.24　地域別堆砂量[19]

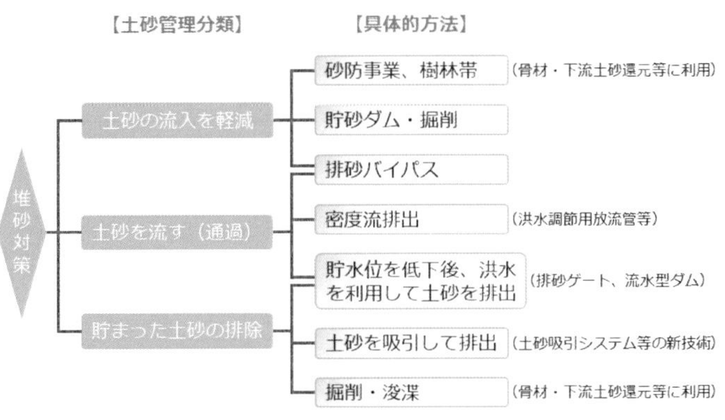

参照：河川砂防技術基準　維持管理編（ダム編）をもとに作成

図－5.25　貯水池堆砂対策の分類[21)]

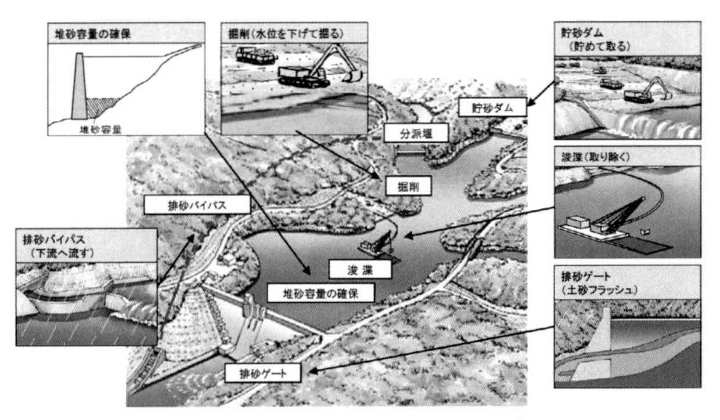

図－5.26　主な堆砂の対策[22)]

安ロダム（国土交通省四国地方整備局）では、堆砂を図－5.27の左図のようにダム下流河川に置土し、洪水時に流す土砂還元を行っている。平成19年～平成28年で1,372千m^{3}の土砂還元を行った。これによる河床高の変化は、下流約20kmの川口ダムまで認められる。また還元前の河床には100mm以上の石が卓越して分布していた（図－5.27中央図）が、図－5.27の右図のように粒径の小さな礫が混合するように多様化した。そして、砂礫河原や瀬が出現し、アユ等の産卵床も土砂還元の影響を受けた箇所で新たに確認されている。

③　土砂フラッシングの事例

宇奈月ダム（国土交通省北陸地方整備局）・出し平ダム（関西電力㈱）では、出水・洪水時に水位低下して土砂を下流に排出する土砂フラッシングを行っている。これらのダムは全国有数の流出土砂の多い黒部川に位置し、宇奈月ダムと直上流の出し平ダムには排砂ゲートが設置され、平成13年から両ダムで連携した運用が行われている。運用は、前年の操作終了後の堆砂を排出する「排砂」を行い、その後流入土砂を下流に通過させる「通砂」を行っている。前年の堆砂は、翌年に排砂し、次の年まで持ち越さない運用を基本としている。排砂・通砂は、漁業・農業への影響を考慮し、出水・洪水の発生頻度の高い6月～8月に行う。

図－5.28に示すように大規模な土砂フラッシングを、関係者と協議を重ね、継続的に実施している点は、注目に値する。

ダム直下の置土状況

ダム下流約3km（小計地区）の河床の変化[23)]

（那賀川河川事務所　提供写真）

図－5.27　長安口ダム（国土交通省四国地方整備局）土砂還元事例

出し平ダム（関西電力㈱）

宇奈月ダム（国土交通省北陸地方整備局）

図－5.28　土砂フラッシングの事例[24)]

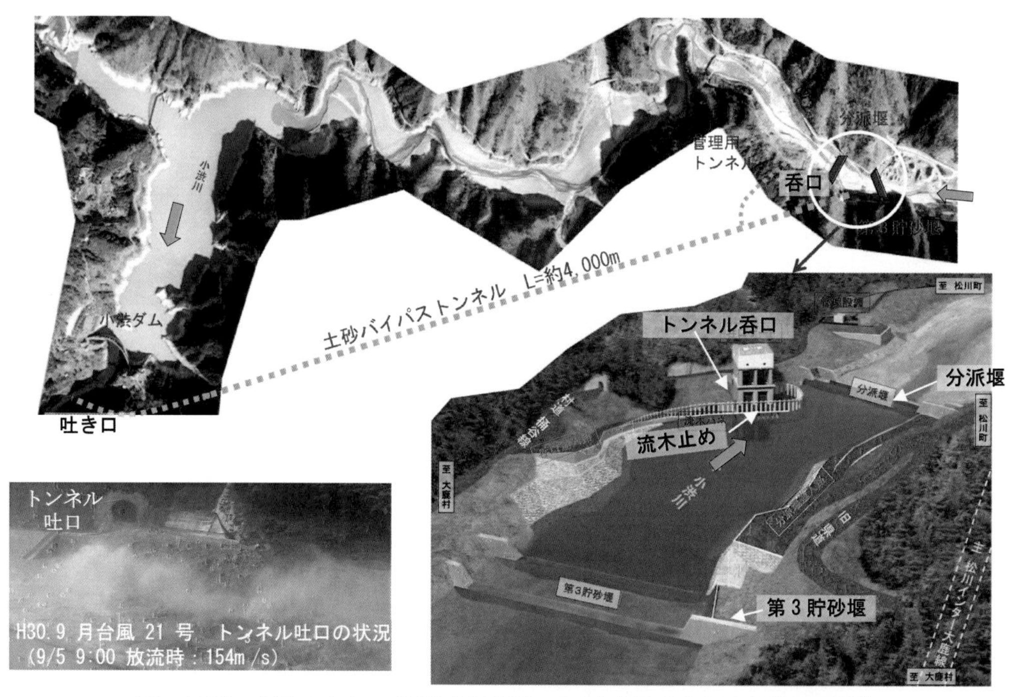

図－5.29　土砂バイパスの事例（小渋ダム（国土交通省中部地方整備局））[25)]

④　土砂バイパスの事例

小渋ダム（国土交通省中部地方整備局）は、長さ約4 kmのバイパストンネルを用いて、土砂を含んだ流水を、洪水時にダム下流に放流している。図－5.29に示すように貯水池上流の分派堰を設置し、バイパス呑口に水と土砂を導流する施設を設置している。また、トンネルの閉塞防止として呑口には流木止めを設け、分派堰上流には粗い土砂を捕捉する貯砂堰を設置している。

⑸　堆砂対策の推進

気候変動に伴う温暖化により、洪水リスクや土砂災害リスクは今後も増加すると考えられるため、ダム貯水池の持続的な運用、さらには長寿命化が重要となる。このため、堆砂対策を一層推進する必要があると考えられる。

ダムは山間地にあり、堆砂を活用したいという需要地までの距離が長く、コスト面を理由として、堆積土砂の活用がなかなか進まないことが多い。しかし、今回紹介したように、土砂を下流河川に供給する土砂還元の取組事例が増加している。

住民、漁協、下流ダム、行政などの関係者との合意形成を図りつつ、土砂還元や堆砂の活用などの対策を継続的に実施してゆくことが重要である。

参考文献

1) 独立行政法人 水資源機構，第 24 回関東地方ダム等管理フォローアップ委員会草木ダム定期報告，p.10，p.23，2015.12.18.
2) 国土交通省 HP 報道発表資料，－事前放流の実施に関する治水協定の締結状況－，https://www.mlit.go.jp/report/press/mizukokudo04_hh_000161.html
3) 国土交通省 九州地方整備局 大分川ダム工事事務所，大分川ダムの洪水調節について，https://www.qsr.mlit.go.jp/oita/kawa/pdf18060110.pdf
4) 国土交通省 東北地方整備局 岩木川ダム統合管理事務所，http://www.thr.mlit.go.jp/iwakito/gallery/aseisiphoto.html ＃ pagetop
5) 一般社団法人 ダム工学会 近畿・中部ワーキンググループ，ダムの科学，p.24，2019.12 改訂版
6) 独立行政法人 水資源機構 一庫ダム管理所，https://www.water.go.jp/kansai/hitokura/damdata/onegai.html
7) 国土交通省 関東地方整備局 宮ヶ瀬ダム管理所，http://www.ktr.mlit.go.jp/sagami/sagami00068.html
8) 国土交通省 四国地方整備局 那賀川河川事務所，https://www.skr.mlit.go.jp/nakagawa/dam/control/pdf/damsousaq2.pdf
9) 独立行政法人 水資源機構 広報誌，https://www.water.go.jp/honsya/honsya/pamphlet/kouhoushi/2016/pdf/201611-1205.pdf
10) 国土交通省 関東地方整備局 宮ヶ瀬ダム管理所，http://www.ktr.mlit.go.jp/sagami/sagami00024.html
11) 経済産業省 資源エネルギー庁 HP,
https://www.enecho.meti.go.jp/category/electricityandgas/electric/hydroelectric/mechanism/structure/
https://www.enecho.meti.go.jp/category/electricityandgas/electric/hydroelectric/mechanism/use/
12) 水源地環境センター 水源地ネット，http://www.dam-net.jp/contents/onepoint.html
13) 国土交通省 HP，www.mlit.go.jp〉 shinngikaiblog〉 chousetsukentoukai
14) 国土交通省 中部地方整備局 HP，ダム操作規則の点検について - 事前放流 -，www.cbr.mlit.go.jp〉 kikaku〉 pdf〉 pos07
15) 一般社団法人 ダム工学会 近畿・中部ワーキンググループ，ダムの科学，p.157，2012.11.
16) 山口嘉一，ダムの安全管理における最近の動向と今後の課題，ダムの安全管理・点検のための最新計測技術に関するシンポジウム（一般社団法人 ダム工学会），p16 ～ p17，2010.10.
17) 国土技術研究センター編集，改定 解説・河川管理施設等構造令，（社）日本河川協会発行，p.95，2000.01.
18) 国土交通省 水管理・国土保全局 河川環境課，ダム総合点検実施要領・同解説，p.3，2013.10.
19) 一般社団法人 ダム工学会，これからの成熟社会を支えるダム貯水池の課題検討委員会報告書－これからの百年を支えるダムの課題－（計画・運用・管理面），p.2-40 ～ p.2-41，平成 28 年 11 月.
20) 櫻井寿之，柏井条介，大黒真希，ダム貯水池の堆砂形態，土木技術資料，Vol.45-3，2003.
21) 国土交通省 水管理・国土保全局，河川砂防技術基準案 維持管理編（ダム編），p.43，2016.3.
22) 国土交通省　水管理・国土保全局，ダムの施策紹介　https://www.mlit.go.jp/river/dam/index.html
23) 青木朋也，土砂還元による河川環境の改善効果 - 中間報告 -，RIVER FRONT Vol.88，p.36，2019.
24) 国土交通省 北陸地方整備局 黒部河川事務所，http://www.hrr.mlit.go.jp/kurobe/30iinkai/index.html
25) 国土交通省 中部地方整備局 天竜川ダム統合管理事務所，https://www.cbr.mlit.go.jp/tendamu/dam/monitoring/index.html

第6章

ダムと環境

第6章 ダムと環境

ダムは長きにわたってその機能を発揮する施設であり、流域の人々など多くの関係者の理解を得ながらの運用が求められる。そのためには、ダムの治水、利水への効用だけでなく、ダムの環境影響にも十分考慮して取組むことが重要である。

今日、ダムが環境にもたらす影響については、建設工事に伴う地形改変や貯水後の動植物の生息環境や水質変化、河川の分断がもたらす影響など多岐に渡る視点でとらえたうえで、様々な対応がとられている。

本章では、環境影響評価、水質、河川の流況変動、動植物の保全、緑化、生態系保全などを取り上げる。また、ダム湖の利用やダム及び周辺の活性化に関する取組みなどダム貯水池等の利活用についても事例をもとに解説する。

6.1 ダムの環境保全と環境影響評価

6.1.1 環境保全に関する動向

1960～70年代は、我が国は高度経済成長期を迎え、豊かさを実感すると共に価値観が多様化し、公害問題の発生も相まって環境意識が高まってきた。そして、1980～90年代は、グローバル化の進展と共に地球環境問題、持続可能な開発への対応にも取組むようになってきた。

ダムや河川においても1970年代から、水質汚濁防止を含めた水源地域整備、冷水対策などの水質対策、維持流量の確保などに取り組んでいる。環境影響についても1984年（昭和59年）の閣議了解以来、多くのダムで様々な環境影響緩和策を実施している。

平成に入ると、生態系の重視などがクローズアップされるようになり、平成2年度より、多自然型の川づくり、河川水辺の国勢調査が相次いで開始されるようになった。

また、水害の防止や水資源の確保など、治水、利水を目的とした整備に重点を置いて対応が進められてきたが、環境意識の高まりを踏まえ、河川が本来持っている自然環境の役割を見直し、1994年（平成6年）の環境政策大綱では、積極的に環境を取り込むことを定めた。そして、翌年9月に河川審議会が河川行政に対し、「生物の多様な生息・生育環境の確保」、「健全な水循環系の確保」などを積極的に取り入れることを答申した。

こうしたことから、1997年（平成9年）に河川法が改正され、河川環境整備と保全が追加された。また、この年に環境影響評価法が制定され、法的根拠をもって一定規模以上の貯水面積を有するダムでは環境影響評価が行われている。

近年では、環境影響評価、保全措置等の環境保全の取組みが定着し、環境影響の回避、低減が進んでいる[1)、2)]。

表－6.1 に近年のダム、河川の環境に関する施策の動向を示す。

6.1.2 環境影響評価法

環境影響評価法は、開発事業が環境にどのような影響を及ぼすかについて、事業者自らが調査・予測・評価を行い、その結果を公表して地域住民や専門家などから意見を聴き、環境保全策を講じることを定めた法律である。

本法の対象事業は、国が実施、または許認可等を行う事業で環境評価を受ける範囲が大きな事業であ

表－6.1 近年のダム・河川に関する動き[3)]に一部加筆

環境施策		河川環境施策	
1967（昭和42年）	公害対策基本法	1973（昭和48年）	水源地域対策特別措置法（水特法）
1984（昭和59年）	環境影響評価の実施について閣議決定		
1987（昭和62年）	アルシュ・サミット（初の環境サミット）	1988（昭和63年）	発電水利権の期間更新時における河川維持流量の確保について
1992（平成4年）	絶滅のおそれのある野生動植物の種の保存に関する法律（種の保存法）	1990（平成2年）	多自然型川づくり
		1991（平成3年）	河川水辺の国勢調査
1993（平成5年）	環境基本法	1995（平成7年）	今後の河川環境のあり方について
1994（平成6年）	環境基本計画 ・ 環境政策大綱	1995（平成7年）	河川生態学術研究
1997（平成9年）	環境影響評価法	1997（平成9年）	河川法改正（環境の内部目的化）
2002（平成14年）	生物多様性国家戦略	2002（平成14年）	ダムフォローアップ制度
		2004（平成16年）	ダム環境プロジェクト（～2008）
2011（平成23年）	環境影響評価法一部改正	2006（平成18年）	多自然川づくり基本指針
2012（平成24年）	同上 基本的事項、主務省令の改正		
2013（平成25年）	環境影響評価法改正法の全面施行	2013（平成25年）	河川法一部改正
2015（平成27年）	パリ協定採択（温室効果ガス削減に関する取決め）	2017（平成29年）	持続性のある実践的な多自然川づくりに向けて
2011（平成23年）	環境影響評価法一部改正	2006（平成18年）	多自然川づくり基本指針
2012（平成24年）	同上 基本的事項、主務省令の改正		
2013（平成25年）	環境影響評価法改正法の全面施行	2013（平成25年）	河川法一部改正
2015（平成27年）	パリ協定採択（温室効果ガス削減に関する取決め）	2017（平成29年）	持続性のある実践的な多自然川づくりに向けて

り、ダム以外にも**表－6.2**に示すものがある。また、事業規模に応じて、必ず環境影響評価を行う第一種事業と、第一種事業に準ずる規模を有し許認可等を行う行政機関が都道府県知事の意見を聴いて個別に判定する第二種事業が定められている。

ダムにおいては、新設ダムを対象に、貯水面積が100ha以上のものが第一種事業（必ず環境影響評価を実施）、貯水面積75ha以上のものが第二種事業に定められている。ここで、ダムの貯水面積とは、洪水時最高水位（サーチャージ水位）（サーチャージ水位がないダムにあっては、平常時最高貯水位（常時満水位））における貯水池水面の面積である。

平成30年1月時点ではあるが、環境影響評価法に基づく環境影響評価の手続きを6ダムで終了し、鳥海ダム事業と鳴瀬川総合開発事業において実施されている。また同じく、法の対象外であるものの同等の環境影響評価を実施している国土交通省のダム（改造事業を含む）は、26ダムあるといわれている。

また、ダムの嵩上げや既存ダムの直下流へのダムの移設は、これによって新たに増加する貯水面積が大きい場合新設ダム扱いとされ環境影響評価法の対象となる。

6.1.3 環境影響評価の方法

(1) 調査、予測および評価の流れ

環境影響評価の流れを**図－6.1**に示す。環境影響評価の実施に当たっては、あらかじめ、事業特性及び地域特性を把握し、環境影響評価の項目、調査、予測、評価の手法を選定した後、調査、予測、評価を実施し、必要に応じて、環境保全措置の検討を行う。

また、各事業別に「環境影響評価の項目並びに当該項目に係る調査、予測及び評価を合理的に行うための手法を選定するための指針、環境の保全のための措置に関する指針等を定める省令」（以下「主務省令」という。）が1998年（平成10年）に定められている。

事業者はこれを踏まえて、具体的な調査・予測・

表－6.2 環境影響評価法の手続きが必要な事業一覧

・道路（高速自動車道、国道等）	・河川（ダム、堰、放水路、湖沼開発）	
・鉄道	・飛行場	・発電所
・廃棄物最終処分場	・埋立て、干拓	
・土地区画整理事業	・新住宅市街地開発事業	・工業団地造成事業
・新都市基盤整備事業	・流通業務団地造成事業	・宅地の造成事業
・港湾計画		

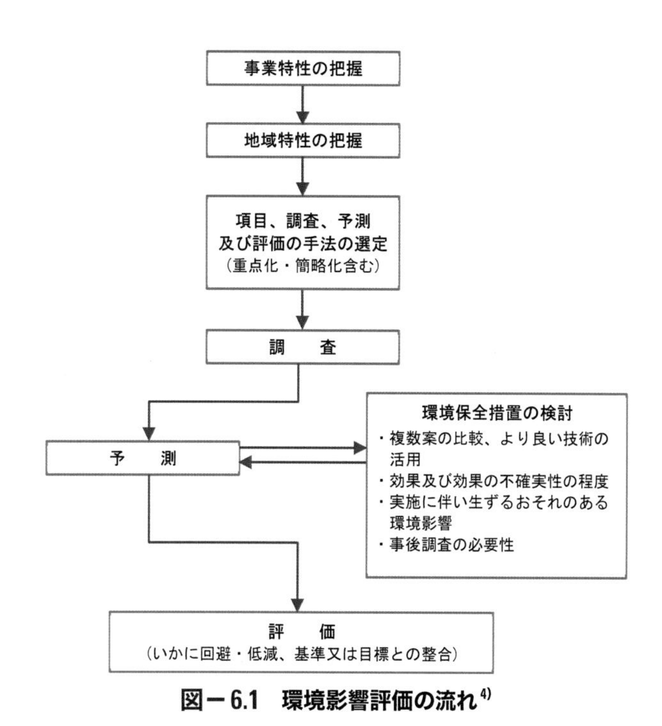

図－6.1　環境影響評価の流れ [4]

評価の方法を選定し、環境保全対策の検討を行うこととされている。

表－6.3に、主務省令に記載されている一般的なダム事業の内容（工事中ならびに完成後のダムならびに原石山・付替道路などの施設、および、完成後の貯水池とダムの運用）において、環境影響を受ける恐れがある項目（環境要素）を示す。事業者は、この項目を参考として、事業特性や地域特性を勘案の上、環境影響評価対象項目を選定することとなっている。**表－6.3**には生態系が含まれているが、これは生態系が多様な価値をもつとともに一度劣化した後の回復の困難さが明らかにされてきたことが反映されている。

ダム事業においては、工事中の大気環境等や完成後の水環境や貯水池、下流河川、原石山跡地等、さらに工事中および完成後の動植物・生態系への影響について予測、評価が行われる。

ダム事業の特徴として、事業区域が山地であることから、クマタカなどの猛禽類への影響の予測が必要となる場合が多い。また、完成後の貯水池の水質変化予測やダム下流河川における環境の変化予測を行う必要がある。完成後の貯水池、河川の環境変化は、「6.3　ダムが水環境に与える影響と対策」で詳述する。

(2)　環境要素に対する評価手法例

ここでは、環境要素のうち工事中の騒音を取り上げ、評価手法例を紹介する。

表－6.3　ダム事業における環境要素 [5]

環境要素の区分 ＼ 影響要因の概略区分			工事の実施※1	存在・供用※2
大気環境	大気質	粉じん等	●	
	騒音	騒　音	●	
	振動	振　動	●	
水環境	水質	土砂による水の濁り	●	●※4
		水　温		●※4
		富栄養化		●※4
		溶存酸素量		●※4
		水素イオン濃度	●※3	
土壌に係る環境その他の環境	地形及び地質	重要な地形及び地質		●
動物		重要な種及び注目すべき生息地	●	●
植物		重要な種及び群落	●	●
生態系		地域を特徴づける生態系	●	●
景観		主要な眺望点及び景観資源並びに主要な眺望景観		●
人と自然との触れ合いの活動の場		主要な人と自然との触れ合いの活動の場	●	●
廃棄物等		建設工事に伴う副産物	●	

※1　詳細にはダムの堤体の工事、原石の採取の工事、施工設備及び工事用道路の設置の工事、道路の付替の工事に分類される
※2　詳細にはダムの堤体の存在、原石山跡地の存在、道路の存在、ダムの供用及び貯水池の存在に分類される
※3　工事の実施の内、ダムの堤体の工事のみ
※4　存在・供用の内、ダムの供用及び貯水池の存在のみ

建設機械の稼働による騒音は、付替道路やダム本体工事の建設機械の稼働による騒音や、一般道路を走行する工事用車両による騒音など、評価対象を明らかとした上で、生活環境への影響を予測・評価する。

このため、工事前の事業実施区域及びその周辺における騒音レベル、地表面の状況、車両の運行が予定される沿道の交通量等の状況を調査し、工事現場と評価位置の間の騒音伝播計算を実施して、予測する。そして、予測される騒音に対して、**図－6.2**に示すような基準値を設定して評価する。

(3)　動物、植物、生態系の取り扱い

ダム工事の粉塵、騒音、振動などの影響評価は、建設現場においてなじみがある方も多いと考えるが、動植物や生態系については、あまりなじみがなく、どのような手法で評価するのかと疑問に思われている方も多いと考える。

動植物については、先ず地域特性の把握および調査の実施により、評価対象とする重要な動植物を選定し、その生態、分布、生息・生息状況とその環境状況を明らかにする（**図－6.3**参照）。次に、ダム事業による自然環境の変化を予測計算等で把握し、それら注目する動植物に及ぼす影響の程度を予測する。ここで影響がないまたは極めて小さいと判断される場合以外には、環境保全措置を検討する。そして、事業者により実行可能な範囲内で環境影響が回避または低減されているかどうかに対する事業者の見解を明らかにすることにより行う。

対象事業実施区域及びその周辺 ＝ 騒音防止条例等による地域指定／騒音規制法に基づく規制地域及び環境基準の類型のあてはめの指定

↓ 法令に準拠して評価の基準を設定

評価対象	準拠した法令等	基準値等※
建設機械の稼働による騒音	特定建設作業に係る騒音の規制基準値（騒音規制法）	85dB
	騒音防止条例	55dB（一般の地域の基準） 70dB（幹線交通を担う道路沿道の基準値）
工事用車両の運行による騒音	騒音に係る環境基準	55dB（町道1車線の基準値） 70dB（幹線交通を担う道路沿道の基準値）
	騒音防止条例	
	自動車騒音の要請限度（騒音規制法）	65dB（1車線道路の基準値） 75dB（2車線道路の基準値）

※基準値等は、「主として住居の用に供せられる地域」に区分されるものを示している

図－6.2　工事中のダムの騒音基準の例[2)]

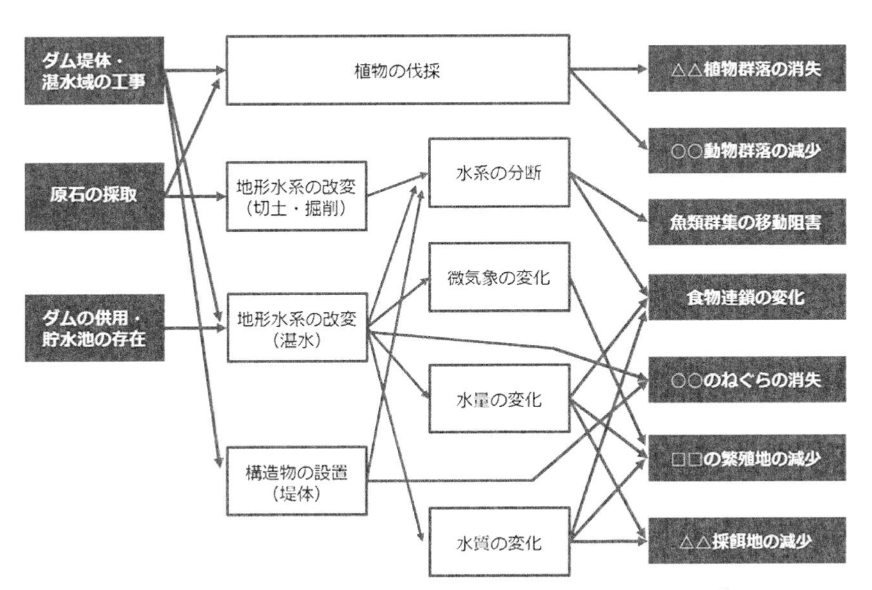

図－6.3　ダム事業の生態系に対する環境影響フロー図の例[6)]

生態系では、同様に評価対象とする生態系を抽出する。ここで、評価対象とする生態系を構築する生物相の中から各生態系の特性に応じて注目される動植物種または生物群集を複数抽出し、その生態、分布、生息・生育状況とその環境状況および他の動植物との関係を明らかにする。次に、事業による自然環境の変化が、それらの動植物種や生物群集、さらには生態系に及ぼす程度を予測する。評価は、動植物と同様の考え方で行う。

図－6.3は、事業が動植物種や生物群集にどのような過程を経て影響を与えるか示した影響フロー図の例である。

6.2　ダム建設に伴う動植物への影響と保全対策

6.2.1　生物への影響に対する保全対策

図－6.4は、ダム周辺や下流河川における動植物への影響と保全対策を示したものである。水面形成に伴う生息地の減少に対して、動植物の移植や緑化、生育環境の整備などを行う。また、ダムによる河川の分断に対して、魚道などの整備を行う。

下流河川については、環境放流（フラッシュ放流）や土砂を人為的に河川内に仮置きして洪水時に河道に供給する土砂還元などを行い、流況の平滑化や土砂移動の分断がもたらす河床材料や河川形態の影響に対応する。

図－6.4の下段の破線で囲まれた下流河川環境に関する項目は、河川環境保全のため、環境影響評価法の適用の有無に関わらず完成したダムでも取組まれていることから、次の6.3で紹介する。

以下では、貯水により動植物の生息・生育場の消失対策として湖岸緑化の事例と、移動分断対策として移動路の整備事例を示す。

(1)　湖岸緑化の事例

緑化工施工箇所では、植物の生存率を高めるため、植生工実施から試験湛水までの間の活着期間を確保することが必要である。

月山ダム（国土交通省東北地方整備局）においては、水位変動域の裸地対策としてヤナギ類を植栽した。**図－6.5**の試験湛水後の状況は、植栽したヤナ

図－6.5　ヤナギ類による湖岸緑化[8]

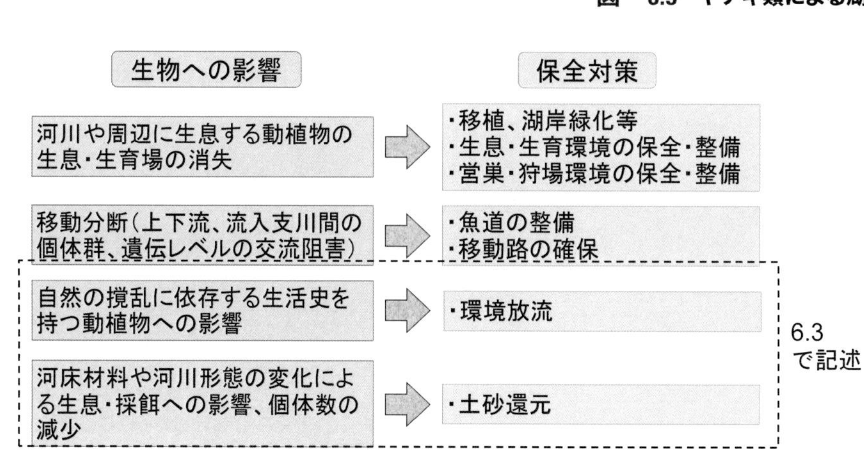

図－6.4　ダム周辺や下流河川に対する保全対策[7]

ギ類が定着し、一面に生育している。月山ダムでは、植栽後、冠水するまでに1～2年の期間を経ており、試験湛水前に完全に活着したことが効果的であったと考えられている。

⑵　陸上動物の移動路の整備事例

苫田ダム（国土交通省中国地方整備局）では、カジカガエルなどのロードキルが左岸の交通量の多い国道で確認され、移動の阻害が懸念されたことから、アンダーパスによる道路迂回を整備し、その効果に関する調査が実施されている（**図－6.6**参照）。

6.2.2　環境のモニタリング

国土交通省では、適切なダムの管理を行っていくため、事業の効果や環境への影響等を分析、評価し、必要に応じて改善措置を行うフォローアップ制度に基づくモニタリングを実施している。その項目は、水質、生物以外にも、堆砂状況、ダム事業効果（洪水調節実績や利水補給実績）、訪問者の動態調査などで、調査結果の分析評価をとりまとめた「定期報告書」を5年に1回作成し、公表している。

フォローアップ制度は、事業の事後評価や、環境影響評価における事後調査（モニタリング）としての機能も有している。

アンダーパスの調査状況
（自動撮影装置）

アンダーパスの利用状況

＜ロードキルの確認位置（平成18年度調査の例）＞

図－6.6　移動路の整備事例（苫田ダム）[9]

6.3　ダムが水環境に与える影響と対策

6.3.1　ダムが環境に与える影響

図－6.7は、完成後のダムが主に自然環境に与える影響を示したものである。大別すると水環境と生物生息環境に区分される。本章では、このうち、水環境の河川流況や水質への影響とそれらの対策について説明する。

6.3.2　河川流況等の影響と対策

⑴　ダムが下流河川に及ぼす影響

ダムが完成して運用を開始すると「第5章　ダムの運用と維持管理」で述べたように、増水時の水をダムで貯留し、必要な量を下流に放流する。このため、河川流量の増減が緩和される「流況の平滑化」が生じるとともに、ダムで堆砂が生じるため、下流河川への「土砂供給量の減少」（流砂量の減少）が生じる（**図－6.8**参照）。

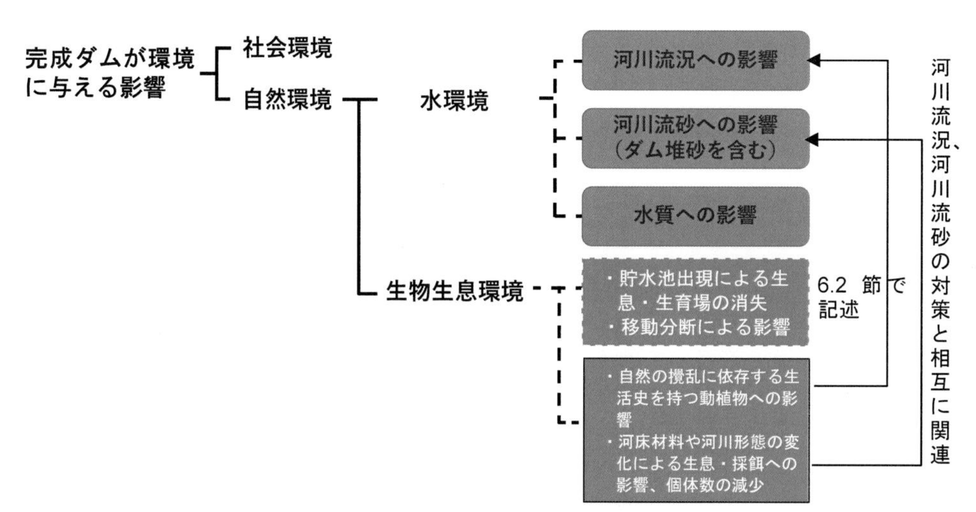

図－6.7　完成したダムが環境に与える影響[1)]に加筆

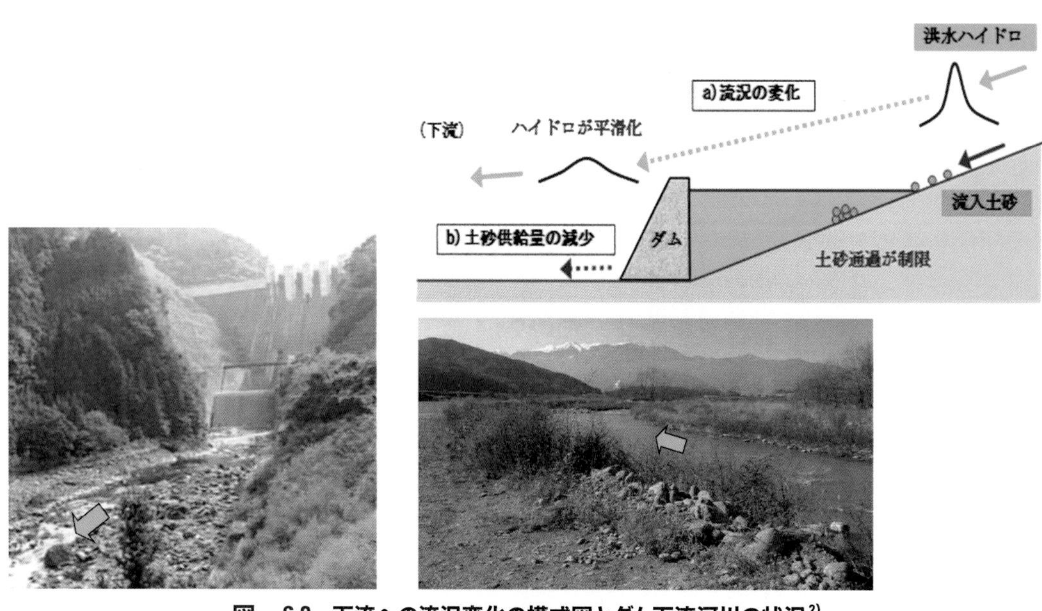

図－6.8　下流への流況変化の模式図とダム下流河川の状況[2)]

(2) 流況や流砂量の変化に伴う課題

日本の河川は、諸外国と比べて、最大流量と最小流量との比（河況係数）が大きい（**図－6.9**参照）。洪水は水面の変動、土砂の流下と河床の変動を伴う、河川環境に対する大きな撹乱である。日本の河川では、一般的に洪水時の撹乱が、その環境を大きく規定しているといわれている。

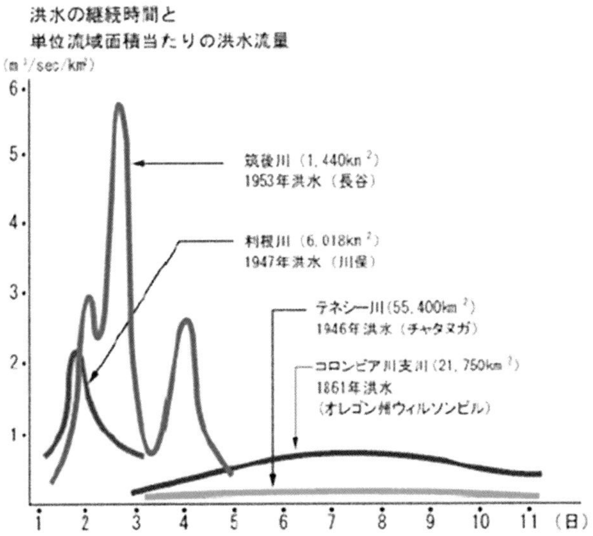

洪水の継続時間と
単位流域面積当たりの洪水流量
(m³/sec/km²)

筑後川（1,440km²）1953年洪水（長谷）
利根川（6,018km²）1947年洪水（川俣）
テネシー川（55,400km²）1946年洪水（チャタヌガ）
コロンビア川支川（21,750km²）1861年洪水（オレゴン州ウィルソンビル）
（日）

図－6.9　洪水の立上りと継続時間の例 [10]

流況の平滑化や流砂量の減少に伴うダム下流河川環境の主な課題を、**図－6.10**の模式図に示す。ダムの貯留により最大流量が小さくなり、砂や礫分が減少することで、河床構成材料や河川形状が変化し、砂州の減少や澪筋の固定化、河川生息環境の変化、樹林化、自然裸地の減少などが発生する。

(3) 流況変化（平滑化）に対する対策（フラッシュ放流）

図－6.10に示した流況変化（平滑化）の影響をまとめると次のようになる。

- 河川流況が、河川環境を大きく規定している。
- ダムによる流況変化が大きい場合、ダム下流の河川環境変化が顕在化する場合がある。
- 特に出水パターンの変化は、河道形状を変化させるため、生物への影響も大きいと考えられる。

この影響を緩和するため、ダムにおいて人工洪水を発生させるフラッシュ放流（環境放流）が行われている。

図－6.11に自然の撹乱リズムを復活させ、礫河原の再生、河川の更新環境の回復を図る目的で、中

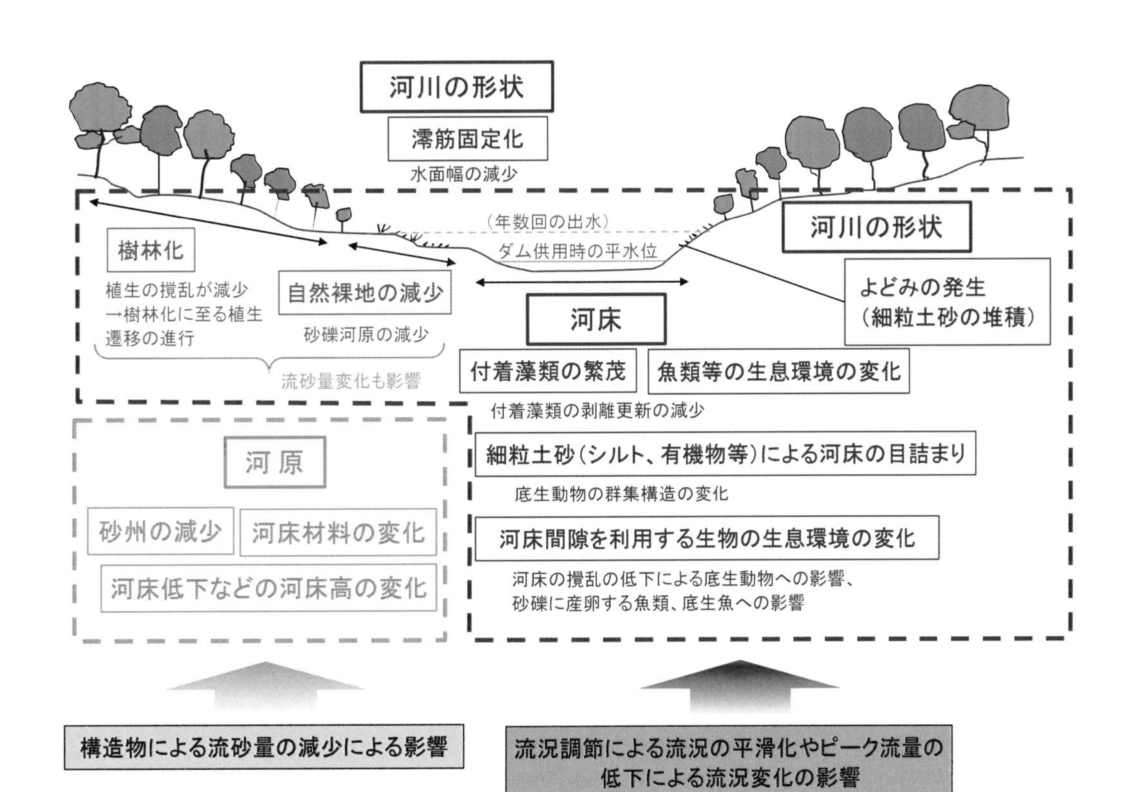

図－6.10　流況および流砂量変化に伴うダム下流河川環境の主な課題の模式図 [11]

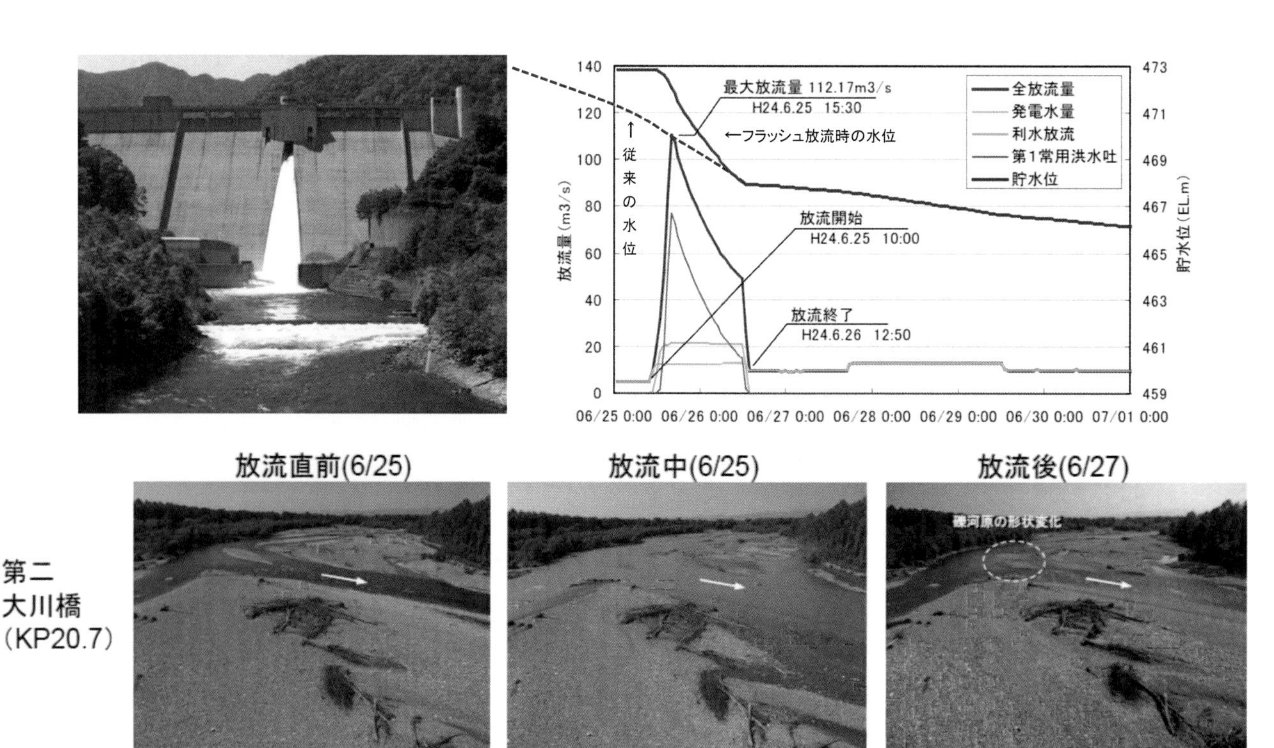

図－6.11　札内川ダムのフラッシュ放流の事例[12]

規模フラッシュ放流を実施している札内川ダム（国土交通省北海道開発局）の例（平成24年6月）を示す。右上図に示すように、洪水期に向けて常時満水位から制限水位に貯水位を低下させる際、本来は、図の破線のように比較的ゆっくり水位を低下させ、その間の容量を放流する。しかし中規模フラッシュ放流では同じ容量を図の実線のように短期間で低下させ、最大112m^3/sの放流を実現させた。下の写真は、その放流前、放流中、放流後の河川の状況を示している。112m^3/sという流量は、この河川において概ね年最大放流量規模に相当するもので、写真からも河川が増水していることが伺える。

⑷　土砂量の変化（現象）に対する対策（土砂還元）

ダムによる流砂の分断に対して、ダムの堆砂を掘削してダム下流に置土し、洪水時に土砂を供給する土砂還元を行う事例がある。「第5章　ダムの運用と維持管理」の堆砂対策において長安口ダムの土砂還元による瀬と淵の回復事例を紹介している。

土砂還元事例は近年増加し、6.3.2⑶のフラッシュ放流を組合わせて効果を挙げた事例も多い。

一庫ダム（水資源機構）では、魚や底生動物の産卵床等の形成やエサとなる藻類の剥離・更新を促すことを目的に、平成14年度より下流土砂還元＋フラッシュ放流を実施している。**図－6.12**には、平成24年に行われたフラッシュ放流に合わせて行われた付着藻類等の調査結果を示す。フラッシュ放流や自然出水後に藻類の細胞数は減少するが、10日前後で増加したことが明らかとなっており、写真に示すように付着藻類の剥離更新が進んでいることが報告されている。また、アユが餌とする藍藻が優占し、アユのハミ跡も確認されていることが報告され、河川環境改善に効果があることが示されている[12]。

6.3.3　貯水池の水質

ダム貯水池のみならず、年間を通じて水が滞留する貯水池においては、冷温水現象、濁水長期化現象、富栄養化現象が発生することがある。ここでは、こうした現象のメカニズムとダム貯水池における対策について紹介する。

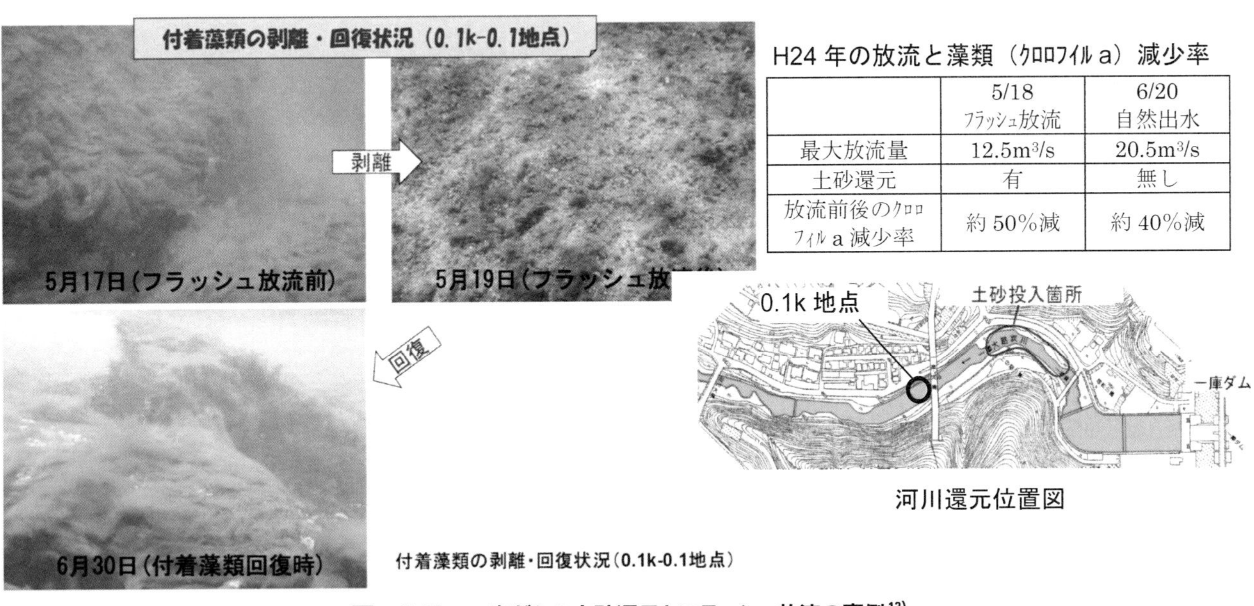

H24 年の放流と藻類（ｸﾛﾛﾌｲﾙ a）減少率

	5/18 ﾌﾗｯｼｭ放流	6/20 自然出水
最大放流量	12.5m³/s	20.5m³/s
土砂還元	有	無し
放流前後のｸﾛﾛﾌｨﾙ a 減少率	約 50%減	約 40%減

図－6.12　一庫ダムの土砂還元とフラッシュ放流の事例 [13)]

(1)　主な水質障害の種類

冷温水現象、濁水長期化現象、富栄養化現象の概要と、その結果生ずる水質障害を、図－6.13に示す。

以下では、冷温水現象、濁水長期化現象、富栄養化現象について述べる。

(2)　冷温水現象

図－6.14は冷水現象を説明したものである。貯水池の鉛直方向の水温分布は一様ではなく、外気温や日射量等で異なる。すなわち図－6.15に示すように、季節によって貯水池の水温分布は大きく異なり、ダムの取水位置が図－6.14のように底部にあると下流に冷たい水を放流する。この水温が流入水の水温と乖離して冷たい場合、冷水問題という水質障害を引き起こす。

また、秋口になると流入河川の水温は低下してくるが、貯水池表層の水温が高い場合がある。こうした温かい水の放流が、魚類の産卵行動に影響を与えるなど、温水問題を引き起こす場合もある。

図－6.15に示すダム貯水池の堤体付近の鉛直水温分布の概念図から、夏期は温かく密度の小さい表層と冷たく密度の大きい深層に区分される成層が形成されるが、冬期には、一様となる様子がわかる。

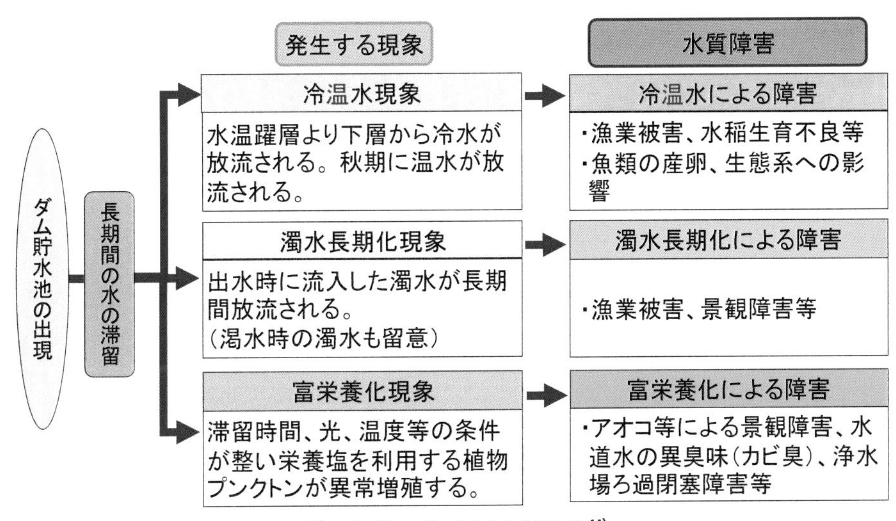

図－6.13　ダム湖の水質障害 [14)]

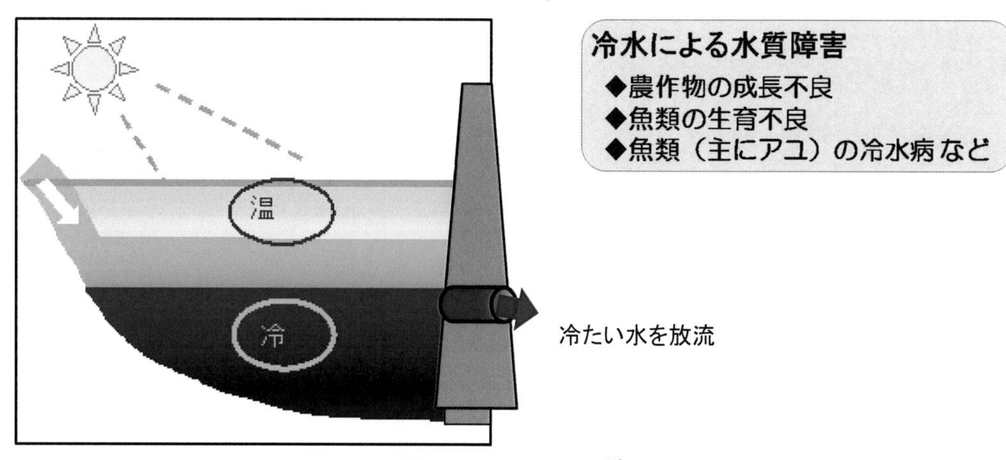

図－6.14　冷水現象[15]

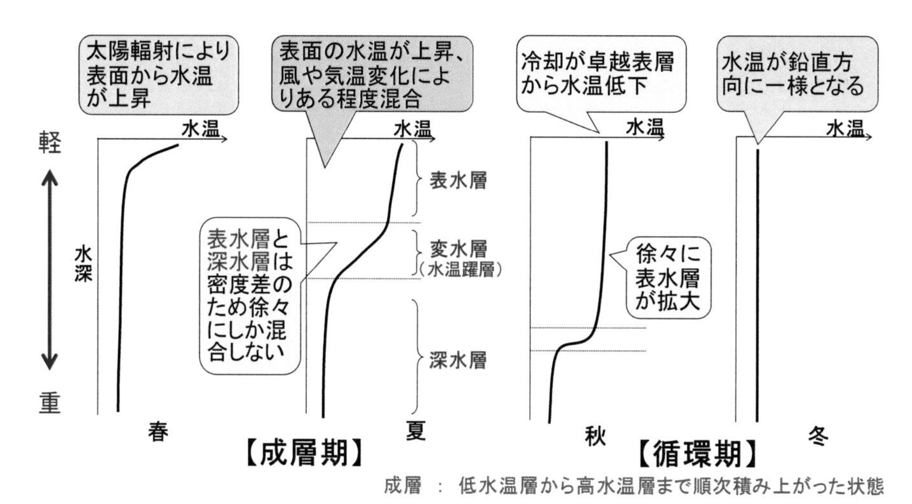

図－6.15　貯水池の水温分布[14]

比較的規模の大きい貯水池では、成層期に鉛直方向に水温が大きく変化する。このため、取水口が深部に位置する場合には、成層期に冷水現象が起こりやすいといわれている。

(3)　濁水長期化現象

図－6.16は、洪水が終わってもダム湖が濁っている濁水長期化現象を説明したものである。出水時に多量の濁水が流下して貯水池内で拡散しても、相当期間沈降せずに滞留し、出水後も長期間濁水が放流されることを示している。

図－6.17は、ダムに流入する河川水とダム放流水の濁度の時間変化を示したものである。流入河川水の濁度は出水時のみ大きく増加するが、放流水の濁度は、長期間継続する場合があることを示すものである。

(4)　栄養化現象

富栄養化現象とは、上流域から流入する栄養塩類の濃度やダム湖の回転率、貯水池周辺の気象条件等によって発生する、藻類の異常繁殖のことである。この現象が発生した場合、貯水池が植物プランクトンの色で変色したり、カビ臭い異臭が発生するなどの水質障害が発生する。**図－6.18**に植物プランクトンが増殖しやすい条件を示す。

藻類すなわち、植物プランクトンは、光エネルギーを用い、二酸化炭素、水、栄養塩から、有機物を合成し、同時に酸素を放出して増殖する。この植物プランクトンの増殖に伴い、アオコの発生、透明度の低下、水色の変化、異臭味の発生、底層の溶存酸素（DO）の低下に伴う底泥からの栄養塩類や鉄、マンガンの溶出などが生じる。

異常増殖を起こし問題となる藻類には、**図－6.19**

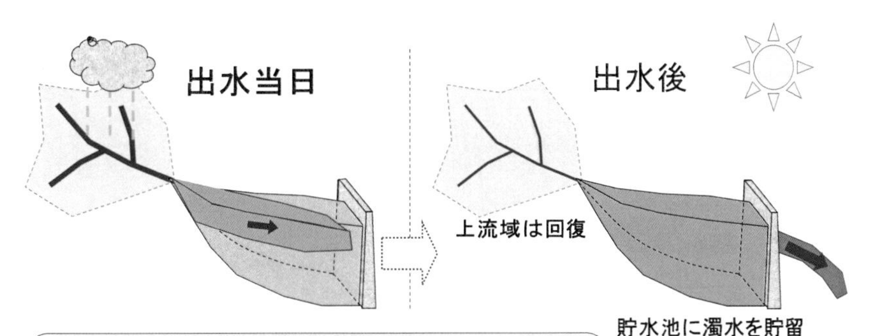

図－6.16　出水による濁水長期化[16)]

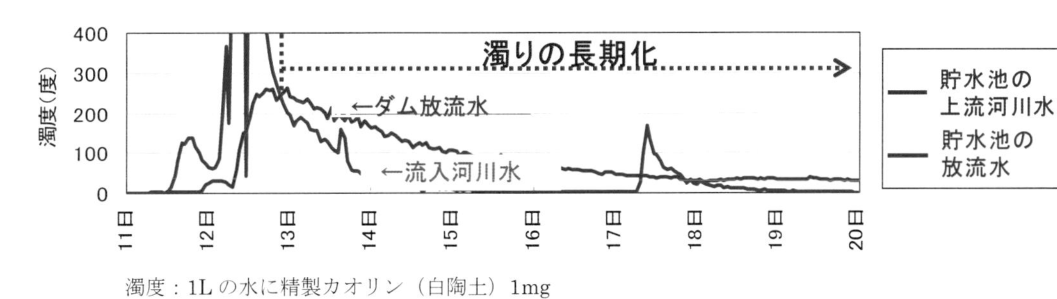

濁度：1L の水に精製カオリン（白陶土）1mg

図－6.17　濁水長期化の例[16)]

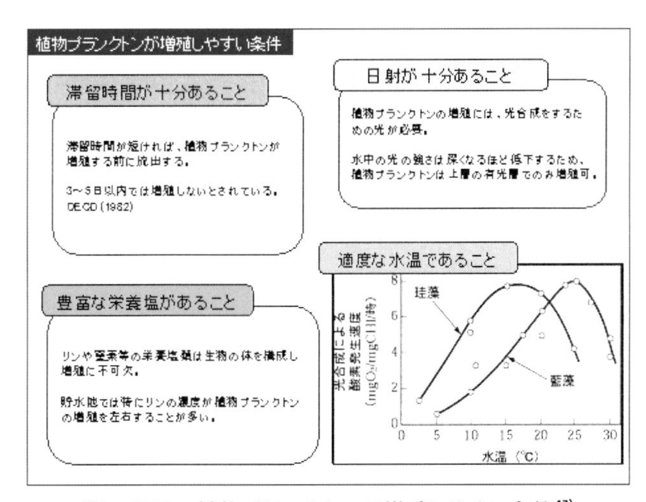

図－6.18　植物プランクトンが増殖しやすい条件[17)]

藍藻によるアオコ

渦鞭毛藻による淡水赤潮

図－6.19　植物プランクトンによる障害[17)]

に示す藍藻類、渦鞭毛藻類などがある。

(5) 水質保全対策

① 水質保全施設の分類

冷温水、濁水長期化、富栄養化の各現象に対して、**図－6.20**に示す対策が考案、実施されている。**図－6.20**に示す対策は富栄養化対策として用いられるが、バイパスやフェンス、選択取水設備などは濁水長期化対策にも該当している。さらに、浅層曝気循環設備や選択取水設備は冷温水対策にも該当することを示している。

各設備は各ダムの特性に応じて最適なものが選定される。

また、選択取水設備は、貯水池の代表的な3つの水質障害に対し対策となる設備である。貯水池が成層化する場合には、多くのダムで採用されている。

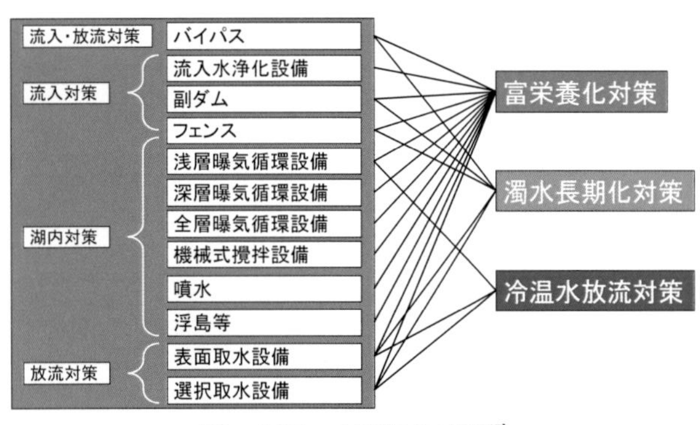

図－6.20　水質保全対策 [17]

② 選択取水設備による水質保全対策

図－6.21に選択取水設備の事例を示す。

③ フェンスによる濁水長期化対策

濁水長期化や富栄養化現象の対策として採用される貯水池内フェンスの機能について、**図－6.22**に示す。上の図はフェンスがない場合、下の図は貯水池内フェンスがある場合である。

夏場に成層している状態で洪水が流入すると、上の図のように貯水池底部の重い水塊と交わらず中層～上層を撹拌混合しながら洪水が流入する。一方、下の図は、成層水温と洪水時流入水温の検討に基づきフェンスの長さを調整して設置しておくと、洪水時の濁水は、貯水池内の同密度（≒同水温）を流下するため、フェンスで濁水を下方に導き、表層の濁らない水（静澄水）と流入する濁水が混合するのを防ぐ。同時に選択取水設備で流入濁質の流下深度をコントロールし、濁水の早期排除を図るという対策

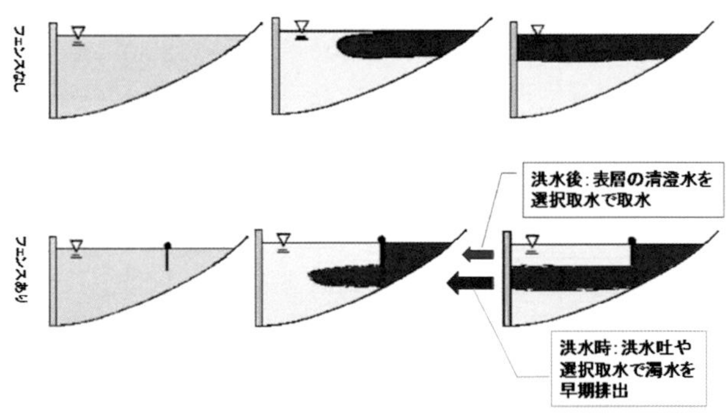

図－6.22　フェンスによる濁水長期化軽減の概念図 [14]

冷水放流対策

流入水温と同じ水温の層から取水し、ダム下流への冷水放流を防止する。

濁水長期化対策

出水時に、高濁度層から取水して濁水の貯留を防ぐとともに、出水終了後には、表層から取水して濁水長期化を防止する。

富栄養化対策

藻類の多い表層を避けて放流する。

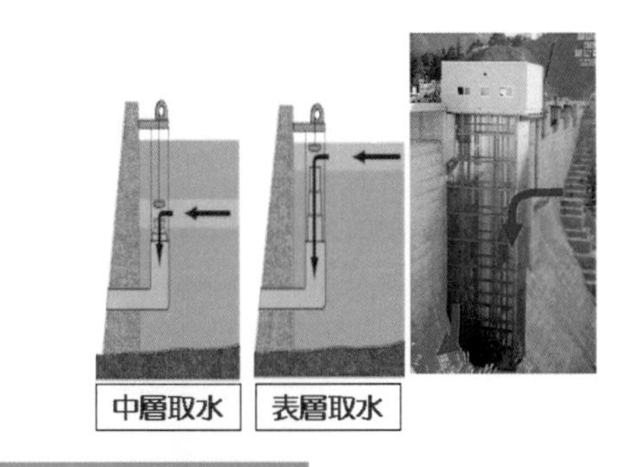

濁水長期化対策の例

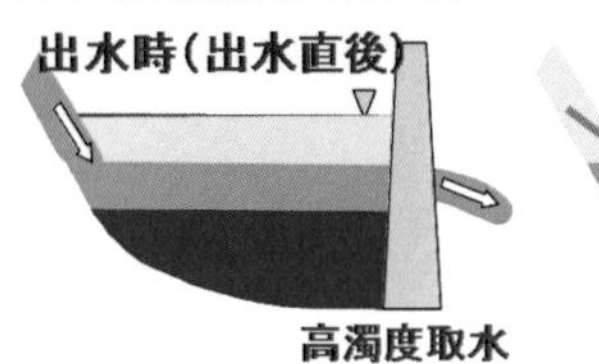

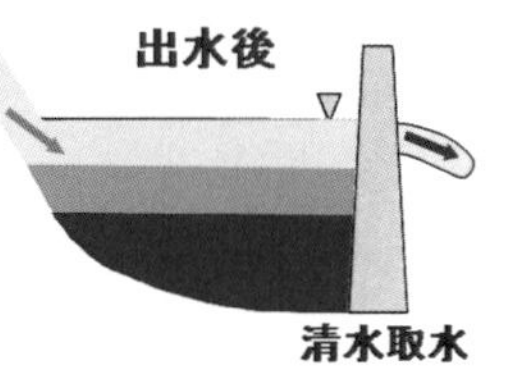

図－6.21　選択取水による対策 [14]

である。そして、洪水後に表層の静澄水を取水するという概念を示している。

④　**バイパスによる濁水長期化対策の事例**

濁水長期化対策としてのバイパスは、洪水後の流入水を貯水池に流入させず直接下流に放流する。濁水長期化現象が発生した貯水池において、**図－6.17**に示したように放流水の濁度が低下するまでの期間、上流河川水をバイパスで下流に放流させるバイパスを、清水バイパスと呼ぶ。**図－6.23**は、浦山ダム（水資源機構）の清水バイパスの例である。

なお、第5章では、ダムの堆砂対策で洪水時に土砂を貯水池に流入させない土砂バイパスについて記述しているが、それらに比べて清水バイパスの規模は格段に小さい。

⑤　**曝気循環設備による富栄養化対策**

図－6.24は、富栄養化対策として用いられる曝気循環設備の概念図である。

表層の藻類を曝気循環装置（エア）で貯水池に鉛直循環流を発生させ、表層の藻類を光の届かない深層に移動させることで、増殖を抑制させるものである。同時に表層の水温も低下することから、藻類の増殖速度も低下することになる。

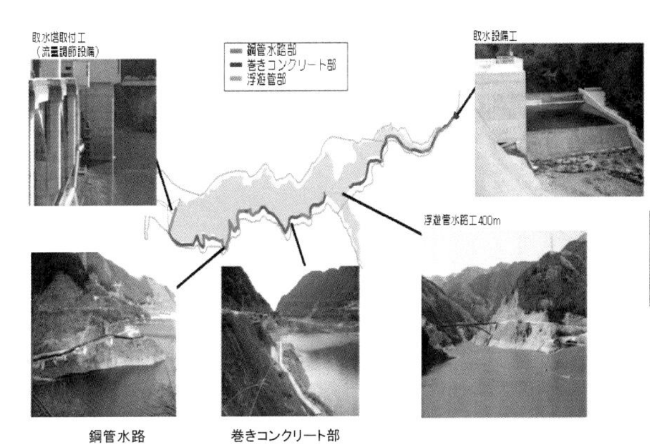

バイパス管の諸元　**管径：1.0m、総延長：約6km、**
材質：鋼管、FRPM管、ポリエチレン管
施設概要　**対象流量：0.7m³/s、圧力管方式**

図－6.23　清水バイパスの例（浦山ダム）[18]

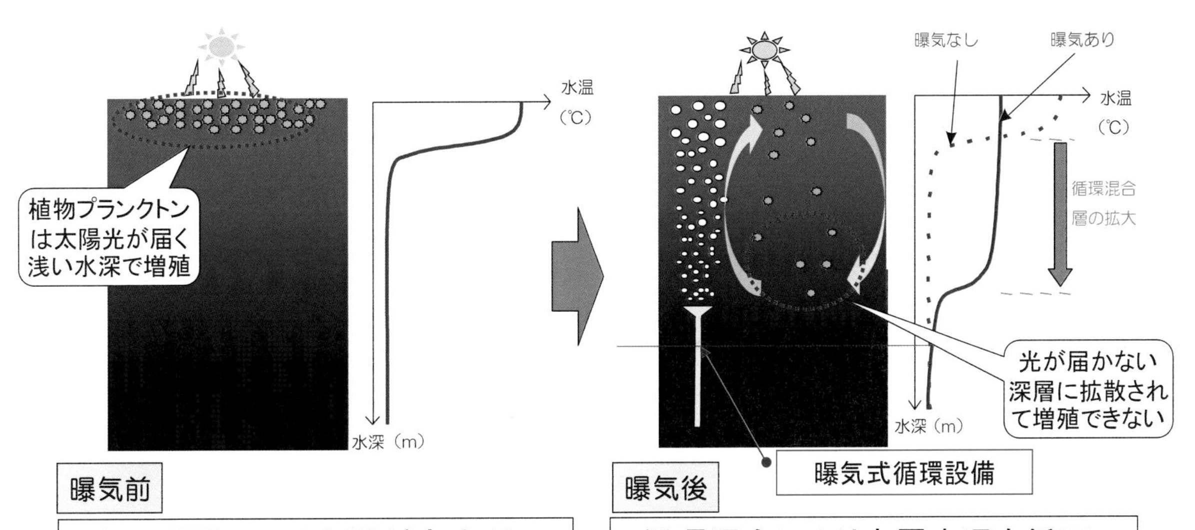

図－6.24　曝気循環設備の例[17]

6.4　貯水池等の利用

6.4.1　ダム湖の利用

(1)　ダム湖の年間利用者数の推移

国土交通省、水資源機構が管理するダムについては、定期的にダムおよびダム湖周辺を訪れる訪問者数の動態調査を実施している（図－6.25参照）。単純平均で1ダムあたり年間10万人以上が訪問していることになる。

(2)　ダムの年間利用者数と立地条件

ダムの訪問者は所在地近傍に大都市を控えるほど多く、利用者数が年間40万人を超えるようなダムは、都市近郊に位置している。また、アクセス時間が短く手軽に行きやすいダムほど利用者数が多いという傾向が見られる（図－6.26参照）。

ダムおよびダム湖も貴重なオープンスペースであると共に、訪問者を利用した周辺地域の活性化も重要である。

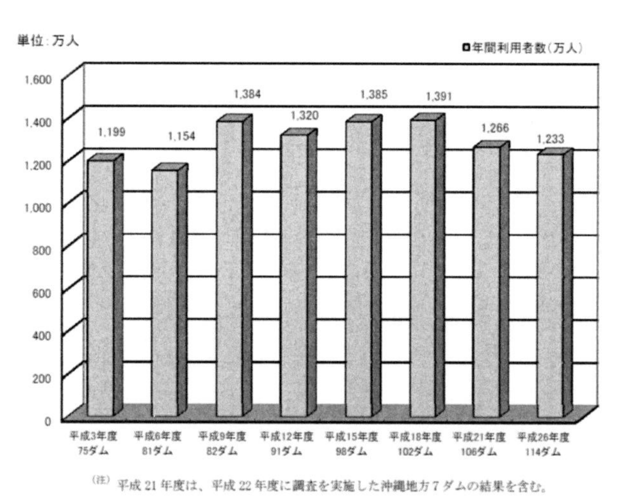

(注)　平成21年度は、平成22年度に調査を実施した沖縄地方7ダムの結果を含む。

図－6.25　ダム湖の年間利用者数の推移[19)]

6.4.2　ダム及び周辺の活性化に関する取組み

(1)　水源地域ビジョン

「水源地域ビジョン」は、自治体、住民等がダム事業者・管理者と共同で策定した水源地域活性化のための行動計画である（図－6.27参照）。国土交通省所管の多くのダムで策定されている。

(2)　地域に開かれたダム

ダム湖の利活用を推進し、地域の活性化を図るためにダム湖を一層開放することを目的として、これまでに46ダムが「地域に開かれたダム」に指定され、整備が進められている（図－6.28参照）。

(3)　観光放流の例（宮ヶ瀬ダム）

宮ヶ瀬ダム（国土交通省関東地方整備局）の観光放流は利水容量を活用しており利水者とダム管理者が確認書を結び実施している。平成29年10月には初の「宮ヶ瀬ダムナイト放流」が愛川町によりイベント形式として開催された。イベントの屋台として地元飲食店も参加し、物産飲食販売を実施している。

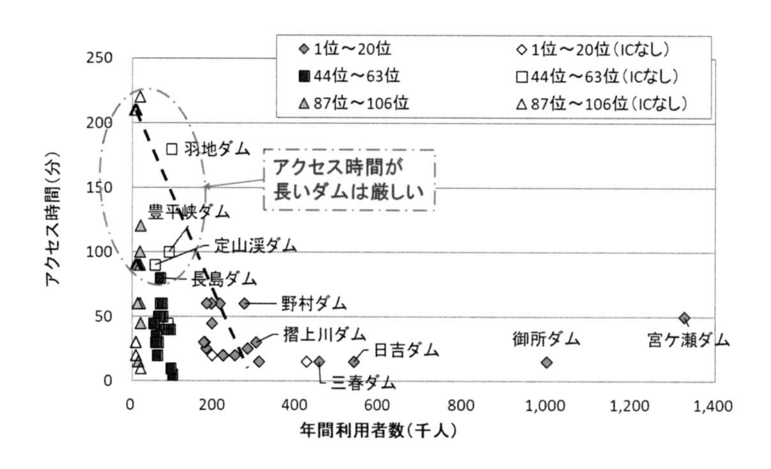

※平成21年度河川水辺の国勢調査結果（平成23年3月）のデータを用いたもの

図－6.26　ダムの年間利用者数とアクセス時間の関係[20)]

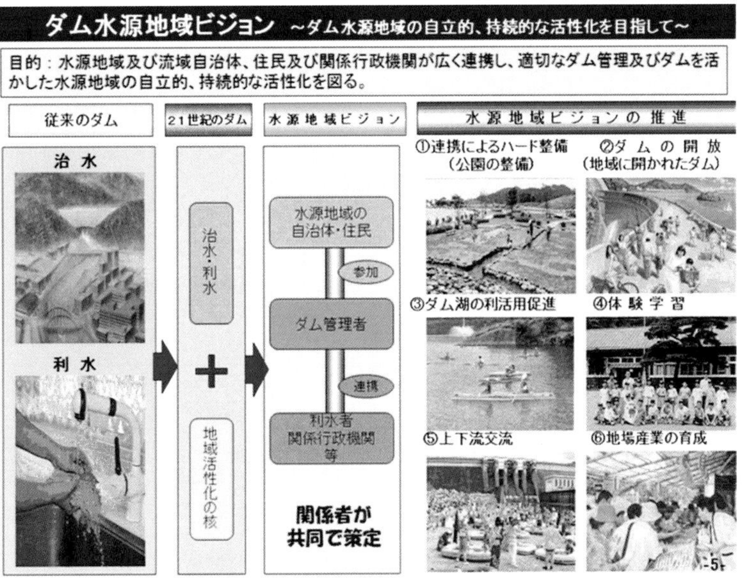

図－6.27　水源地ビジョン [21)]

図－6.28　地域に開かれたダムの例 [22)]

(4)　NPO法人との連携による湖面利用（早明浦ダム）

早明浦ダム（水資源機構）では、NPO法人により、ダム湖活用イベント（SUP体験、レイクアート等：平成26年9月）、パドペタトライアスロン（SUPと自転車での複合競技：平成28年6月）、「Sameura Athron2017」（競泳＋バイク＋ラン：平成29年8月）が開催された（**図－6.29**参照）。

図－6.29　NPO法人との連携による湖面利用（早明浦ダム）[23]

(5)　その他の取組み

最近話題となる取組みとして、ダムカレー、ダムカードなどがある。ダムのファン層はツイッターやフェイスブックといったSNSを補助的に用いてイベント情報を受発信していると推察されるため[20]、取組みの関係者が連携して多様な情報発信手段を用意することも重要である。

①　ダムカレー

ダムカレーは全国の様々なダムで地元の工夫により作られている。ダムカレーと特別ダムカードの組み合わせなど、希少性や周遊性の向上などの観点から地域活性化ツールとして活用されている。

②　ダムカード

国土交通省と独立行政法人水資源機構の管理するダムでは、ダムのことをより知ってもらうため、平成19年より「ダムカード」を作成し、ダムを訪問した方に配布している。配布中のダムは668ダム（平成30年4月1日現在）であり、最近は地方自治体の管理するダムにも広がっている。

③　ダム特別見学会の実施

平日、休日の通常のダム見学に加えて、普段は入れないゲートの操作室や点検通路などを見学する「特別見学会」を開催などが実施されることが多くなった。開催は、ダム管理事務所などのHPなどで広報されているようである。

参考文献

1) ダム事業－地域に与える様々な効果と影響の検証－ 国土交通省 HP, https://www.mlit.go.jp/kondankai/dam/l_pdf/yousi2
2) 中村敏一，ダムの環境，（一財）全国建設研修センター平成 26 年度研修「ダム管理」，p.4，2014.11.11.
3) 原田昌直，ダムにおける環境影響評価について，（一財）水源地環境センター，第 134 回河川・流域技術研究会，p.2，2018.02.22.
4) 船橋 昇治，ダム水源地ネット，講座「ダムの環境アセスメント」第 1 回，3 節，http://www.dam-net.jp/backnumber/015/contents/gijyutsu.html
5) 船橋 昇治，ダム水源地ネット，講座「ダムの環境アセスメント」第 1 回，4 節，http://www.dam-net.jp/backnumber/015/contents/gijyutsu.html
6) 環境省総合環境政策局環境影響評価課，環境影響評価技術検討会平成 12 年度第 2 回陸水域分科会資料，http://www.env.go.jp/policy/assess/5-2tech/1seibutsu/tayousei_rikusui12-2/s1.html
7) 天野邦彦，ダム事業における環境保全対策の事例研究，（一財）水源地環境センター．第 15 回技術研究発表会，p.17，2014.11.28.
8) 天野邦彦， ダム事業における環境保全対策の事例研究，（一財）水源地環境センター第 15 回技術研究発表会，p.20，2014.11.28.
9) 坂本和夫， ダムの環境，（一財）全国建設研修センター平成 24 年度研修「ダム管理」，p.33，2012.10.16.
10) 国土交通省河川局 HP，https://www.mlit.go.jp/river/basic_info/yosan/gaiyou/yosan/h16budget3/p38.html
11) 天野邦彦，ダムからの環境放流の展望，（一財）水源地環境センター第 16 回技術研究発表会，2015.11.27.
12) 国土交通省国土技術政策総合研究所環境研究推進本部，ダムの中規模フラッシュ放流による河川環境改善効果，第 11 回環境研究シンポジウム（2013.11.13）発表ポスター，https://www.nilim.go.jp/k_honbu/kankyosymposium,
13) 佐藤仁泉，一庫ダム管理所，フラッシュ放流等による河川環境改善の効果検証，p.5，p.11，https://www.kkr.mlit.go.jp/river/kankyou/tashizen/tashizen_09.html
14) 木村文宣， 貯水池の管理（水質），（一財）全国建設研修センター「ダム管理主任技術者研修」，p.4，2019.
15) 森川一郎，ダム水源地ネット，講座「ダム貯水池の水質問題」第 2 回，―冷水放流現象について―，http://dam-net.jp/backnumber/011/contents/gijyutsu.html
16) 森川一郎，ダム水源地ネット，講座「ダム貯水池の水質問題」第 3 回，―濁水長期化現象について―，http://dam-net.jp/backnumber/012/contents/gijyutsu.html
17) 森川一郎，ダム水源地ネット，講座「ダム貯水池の水質問題」第 1 回，―富栄養化現象について―，http://www.dam-net.jp/backnumber/005/contents/gijyutsu.html
18) 独立行政法人水資源機構荒川ダム総合管理所（浦山ダム・滝沢ダム）浦山ダム清水バイパス，https://www.water.go.jp/kanto/arakawa/urayama/shimizu_bypass.html
19) 国土交通省河川局河川環境課，平成 26 年度河川水辺の国勢調査結果〔ダム湖版〕（ダム湖利用実態調査編），p.6，2016.2.
20) ダム工学会維持管理研究部会，ダム貯水池の有効利用等に関する事例研究，ダム工学 28(2)，p.116，2018.
21) 国土交通省河川局 水源地ビジョンとは，https://www.mlit.go.jp/river/kankyo/main/kankyou/suigen/page011.html
22) 国土交通省水管理・国土保全局 地域に開かれたダム，https://www.mlit.go.jp/river/kankyo/main/kankyou/hirakare/index.html4
23) 国土交通省水管理・国土保全局 ダムコレクション，https://www.mlit.go.jp/river/damc/action/pdf/dam114

第7章

ダム再開発

第7章 ダム再開発

ここまでは、ダムの役割から環境対策に至るまでダムに関する基本的事項を説明してきたが、ダムの建設という観点からは新設ダムが対象であった。

第7章は、既設ダムの機能を増強する「ダム再開発」がテーマである。

既設ダムの有効活用は、部分的な補修・修繕レベルから大規模改造まで幅広いが、ここでは、“既設ダムを運用しながら機能向上する大規模改造”を中心にダムの再開発について説明する。

7.1　ダム再開発の必要性

7.1.1　新規ダムの建設適地の減少

（一財）日本ダム協会によると、国内のダム数は約2 700基に達しているが、我が国の地質・地形条件から、今後新たにダムを建設できる適地が少なくなってきている。

また、ダムが大規模構造物であることから建設工事による地形改変規模も大きい。完成後の貯水池がより豊かで新しい環境を創出するという考え方も広がってきているが、未だダム建設は環境破壊であると捉える考えは根強い。したがって、新規ダム建設に対する環境アセスメントは基準が厳しく、新規ダムを採択するハードルは高い。

このように、新規ダムの建設適地減少を背景に既設ダムを有効活用する再開発の必要性が高まってきている。

7.1.2　ダム及び設備・装置の経年劣化

日本最初の重力式コンクリートダムは第2章で説明した通り1900年に完成した布引五本松ダムであるが、その後120年で、総ダム数約2 700基のほとんどの2 600基近いダムを完成させている。建設のピークは1960年代であり、現在では完成してから50年以上経過するダムが半数近くある[1]。

ダム本体は適正な管理を行うことを前提にすれば半永久構造物と考えられているが、完成してから50年も経過すると、老朽化等により部分的に劣化したりする場合もあり、また付帯施設や装置では取替・更新時期を迎える。

したがって、確実な管理と定期的な点検に基づく適切な補修、取替・更新作業が重要である[2]。

7.1.3　自然への対応

近年は地球温暖化の影響により、気温の上昇、短時間強雨や大雨の発生頻度の増加、台風の激化、無降水日数の増加等気候変動が進行し、水害、土砂災害、渇水の頻発等被害が拡大している[3]。第1章で説明したように、水害による被害は甚大であり、平成8年から17年までの10年間の水害による被害額だけで7兆円に及んでいる。一方で、渇水も多くの都道府県で発生していて、首都圏、四国、福岡では頻発している。

また、日本は地震大国と言われている。日本には活断層が約2 000あると推定され、日本付近で発生したマグニチュード6以上の地震は全世界の20%を占めている[4]。

このような日本特有の自然条件に対して、既設ダムの機能を増強させる必要がある。

7.1.4　社会情勢の変化への対応

日本の人口は減少が続き、少子高齢化が進むことで所得税収は減少している。一方で、社会保障費は加速度的に増大しており、財政事情は悪化の一途をたどっている。

税金で賄う公共事業への風当たりは強くなる一方で、国民の厳しい目が向けられている。新規ダムの建設には、多大な費用が掛かり、機能を発揮するまで長い時間を要する。既設ダムの再開発は、時間を掛けずに費用を抑えつつ機能を向上させることが可能であり、大変有効な手段である。

7.2　ダム再開発を巡る経緯

7.2.1　1900年代のダム再開発

1960年代に入ると戦後の高度成長期を迎え、ダムの建設数もピークを迎えるが、一方で社会的要請も変化していった。ダムの建設目的も計画時点の社会的要請を反映するものであり、完成後においても対応可能な社会的要請の変化に対しては、計画の修正・変更を行う必要があるとの考え方に基づいて、ハード面・ソフト面の再開発事業が始まった。

（一財）日本ダム協会の施工技術研究会調査部会では、アンケート調査により集めた約100件の再開発事例を整理し、2005年に報告書を発表している。報告書から、一部に老朽化による補修・改修のダムを含むが、1900年代に完成した再開発ダムは約60ダムである[5)]。

7.2.2　2000年以降のダム再開発

2000年代に入ると、全国で初めてダム湖への土砂流入を抑制する美和ダム（国土交通省中部地方整備局）の排砂トンネル工事が始まるなど、再開発の適用範囲が拡大していったが、再開発ダム数に大きな伸びはなかった。

一方で、気候変動による時間雨量、降雨強度の激化が顕在化し、今後の水害や土砂災害の頻発・激甚化が懸念されるようになった。洪水対策の重要性は高まり、既設ダムの有効活用によるダムの機能向上の必要性が確認された。

2000～2010年の間に、ダム再開発に関する以下のような分科会や研究会の活動が活発になった。

① ダム技術センター：ダム再開発検討研究会《2005～2006》〔再開発技術の体系的整理と今後の方策の提言〕

② 日本大ダム会議：既設ダムの有効活用調査分科会《2003～2004》〔プロジェクト事例の収集、分析〕

③ 日本大ダム会議：ダムリフレッシュ分科会《2005～2006》〔個別ハード技術の事例の収集、分析〕

ダム技術センターによるダム再開発検討研究会では、全6回の会議を開催し、既設ダムの構造上、機能上の課題を確認し、今後の有効活用と長期効用の増進に必要な対策を検討した。2007年2月にダム再開発の必要性を明確にしたうえで、技術面、制度面の整備について、具体的に提言を行った。

7.2.3　ダム再生ビジョンとダム再生ガイドラインの策定

2017年6月に国土交通省水管理・国土保全局は、「ダム再生ビジョン」を取りまとめ、発表した。

ビジョンの策定にあたっては、有識者からなる「ダム再生ビジョン検討会（委員長：角哲也京都大学防災研究所　教授）」を2017年1月25日に発足し、5月までに3回の会議を公開で開催した[6)]。

「ダム再生ビジョン」では、ダムを取り巻く背景や現状を踏まえ、今後のダム再生の考え方を示し、これまでに積み重ねられたダム再生の実施事例をもとにダム再生をより一層推進する上での課題を整理している。そして、ダム再生をより加速し、発展させるために10の方策を推進している（図－7.1参照）。

ダム再生の発展・加速に向けた方策のうち、“(9)ダム再生技術の海外展開” を目的として、2013年7月に作成した海外向けパンフレットを2018年5月に改訂している。

また、国土交通省水管理・国土保全局は地方整備局や都道府県の担当者が知見を十分に共有すること

(1)ダムの長寿命化
- ◆ 堆砂状況等に応じた対策の推進、新たな工法の導入検討
- ◆ 複数ダムが設置されている水系において、工事中の貯水機能の代替として他ダムの活用を検討
- ◆ 長寿命化計画の策定・見直し、機械設備等の計画的な保全対策

(2)維持管理における効率化・高度化
- ◆ 維持管理の高度化に必要な設備等の建設段階での設置を標準化
- ◆ i-Constructionの推進により、建設生産システムの効率化・高度化を図り、建設段階の情報を維持管理で効果的・効率的に活用
- ◆ 水中維持管理用ロボット、ドローン、カメラ等を用いた点検の推進
- ◆ 不測の事態における操作の確実性向上等へ遠隔操作の活用を検討

(3)施設能力の最大発揮のための柔軟で信頼性のある運用
- ◆ ダム湖への流入量予測精度向上等の技術開発・研究
- ◆ 洪水調節容量の一部を利水に活用するための操作のルール化に向けた総点検
- ◆ 複数ダム等を効果的・効率的に統合管理するための操作のルール化の検討

(4)高機能化のための施設改良
- ◆ 施設改良によるダム再生を推進する調査に着手
- ◆ ダム洪水調節機能を十分に発揮させるため、流下能力不足によりダムからの放流の制約となっている区間の河川改修等の重点的実施
- ◆ 放流能力を強化するなどのダム再開発と河道改修の一体的推進
- ◆ 代行制度を創設し、都道府県管理ダムの再開発を国等が実施
- ◆「ダム再開発ガイドライン(仮称)」の作成、各種技術基準の改定等
- ◆ 施設改良にあたって比較的早い段階から関係団体と技術的意見交換
- ◆ ダム群再編・ダム群連携の更なる推進、複数ダムが設置されている水系において、工事中の貯水機能の代替として他ダムの活用を検討
- ◆ 既存施設の残存価値や長寿命化による投資効果の評価手法の研究
- ◆ ダム管理の見える化、リスクコミュニケーション

(5)気候変動への適応
- ◆ 事前放流や特別防災操作のルール化に向けた総点検
- ◆ 事前放流等で活用した利水容量が十分に回復しない場合における利水者への負担のあり方の検討、利水者等との調整
- ◆ ゲートレスダムにゲートを増設するなどの改良手法や運用方法の検討
- ◆ 将来の再開発が容易に行えるような柔軟性を持った構造等の研究
- ◆ 計画を超える規模の渇水を想定した対応策の研究
- ◆ 洪水貯留パターンなど長期的変化への適応策の研究

(6)水力発電の積極的導入
- ◆ 治水と発電の双方の能力を向上させる手法等の検討や、洪水調節容量の一部を発電に活用するための操作のルール化に向けた総点検
- ◆「河川管理者と発電事業者の意見交換会(仮称)」の設置
- ◆ ダム管理用発電、公募型小水力発電の促進、プロジェクト形成支援

(7)河川環境の保全と再生
- ◆ 河川環境改善に関する施策について、効果の検証と河川環境の更なる改善手法の調査・研究
- ◆ 総合的な土砂管理を推進する体制の構築

(8)ダムを活用した地域振興
- ◆ 既存制度の運用改善の検討、水源地域活性化のための取組推進
- ◆ 水力エネルギーの更なる活用が地域活性化に活かされる仕組の検討

(9)ダム再生技術の海外展開
- ◆ ダム改造技術や堆砂対策技術などダム再生技術の海外展開
- ◆ 既存組織の活用や制度の拡充を含めた推進体制構築の検討

(10)ダム再生を推進するための技術の開発・導入
- ◆ 先端的な技術の開発・導入、官民連携した技術開発の推進
- ◆ 他分野を含め最新技術の積極的導入
- ◆ 人材確保・育成、技術継承などのあり方、大学等との連携を検討

図－7.1　**ダム再生の発展・加速に向けた方策**[7)]

を目的とした「ダム再生ガイドライン」を2018年3月に取りまとめた。

7.3　再開発の分類

「ダム再開発」は、最初から統一的な分類例があった訳ではなく、実績数が増えるにしたがって、多様化していったと考えられる。

分類手法について、時系列で説明する。

7.3.1　手法別分類

最初の体系的な分類例は、昭和62年版“多目的ダムの建設”で発表されたと考えられる。

計画中のダムも含め計55ダムを“ハード面の対応”と“ソフト面の対応”の2つに分けた[8),9)]。

また、基本的な再開発の手法は以下の2つに大別されるとした。

ⅰ）貯水池容量を増大させる方法

ⅱ）現行の貯水池の運用を変更する方法

さらにⅰ）にはダムの嵩上げ、堆砂除去（貯水池の掘削）等、ⅱ）には放流設備の新設・改築、容量の再配分・運用変更、ダム群の連携運用等があるとされた（表－7.1参照）。

表－7.1　**手法別分類の事例**[10)]

区分1	区分2	再開発事例
ハード面の対応	既存施設の長寿命化	①既設ダムの補強・補修
		②堆砂除去 (貯水池内掘削・浚渫)
	既存施設の有効活用	③ダムの嵩上げ
		④放流設備の新設または改築
ソフト面の対応		⑤容量の再配分・運用変更
		⑥ダム群の貯水容量再編成
		⑦ダム群の連携運用

7.3.2　機能別分類

手法別分類は明解であるが、効用が分かりにく

く、施工事例が増えるに従って整理が難しくなってきた。2007年２月のダム再開発検討研究会（ダム技術センター）による提言における「ダム再開発の今後の方向」では、機能面から以下のように３区分する方法が提案された。

① 機能の向上：自然・社会環境の変化に対応すべく、既設ダムを改造・改善することによって新たな効用を追加・付加させるもの
② 機能の長期化：ダムの効用を数百年レベルで長期的に発揮させるもの
③ 機能の回復：ダムおよび河川で失われた機能を取り戻すもの

そして、「それぞれのダムの特性に応じ、機能の向上、機能の長期化、機能の回復を図る各種対策を組み合わせて実施することにより、有効活用と長期効用化をより効率的に進めることが可能」としている[11),12)]。

また、この３つの機能別分類をさらに目的別に計11項目に細分している（表－7.2参照）。

7.3.3　目的別分類

国土交通省水管理・国土保全局では、国内における多くの再開発施工実績を受けて、ダム再生技術の海外展開を推進している。

日本大ダム会議では、毎年加盟国で開催される国際大ダム会議の年次例会（大会は３年に１回）の技術展示ブースにおいて、「日本のダム再生技術」をアピールしてきた。ポスターの掲示に加えて、国土交通省水管理・国土保全局が中心となって、ダム技術センター、日本ダム協会、水資源機構他関係機関が協力して海外向けパンフレット「Advanced Technologies to Upgrade Dams under Operation（運用しながら機能向上する先進的なダム再生技術）」[13)]を作成し、海外の来場者に配布し、概要を説明した（図－7.2参照）。

改訂した2018年のパンフレットでは、目的別にダム再生技術を７区分した。原文の英語の日本語訳[14)]を図－7.3に示す。

また、パンフレットでは、各項目の施工事例が分かりやすく図示してあるが、代表的な事例を紹介する。

(1)　貯水池容量増大技術

社会的ニーズの高まりに対応すべく洪水調節機能、利水機能、環境機能を強化するために貯水容量を増大する。

ダム本体の嵩上げや下流へのダム新設が代表的な対策であり、既設ダムを運用しながらダム堤体に放流設備を増設施工するために不可欠な貯水池深部での水中作業も対象にしている。

ダムの嵩上げ事例として新桂沢ダム（国土交通省

表－7.2　機能別分類の事例[12)]

目的	機能分類	細　目	主な対策
有効活用と長期化	機能の向上	貯水容量の拡大	ダムの嵩上げや貯水池の掘削等
		貯水容量の有効活用	治水容量と利水容量の振り替え、ダム堤体の改造や放流設備、取水設備の新設・改造等
		放流能力の向上	放流設備の改造や中容量放流設備の新設等
		目的の拡大	発電設備の新設や増設、危機対応、湖面の利用等
	機能の長期化	平衡堆砂	（流入土砂に等しい量をダムから排出させる排砂対策を行い、堆砂量を増大させない流砂の平衡状態を保つ）貯砂ダムの設置と掘削、貯水池の浚渫、排砂バイパス、排砂ゲート、排砂門および排砂管などの組み合わせ等
		超過洪水対策	（超過洪水時において、ダムの治水容量を最大限に利用した洪水調節の方策）越流型のゲートの設置、自然調節ダムにおけるゲートの設置等
		耐久性の向上	劣化・変状に対する早期発見、適切な補修、耐久性の診断・評価の方法、経済的合理的な補修方法の開発など一連のシステムの確立等
		管理の省力化・合理化	操作の自動化、統合管理、自然調節方式、ゲートレス化等
	機能の回復	貯水容量の回復	平衡堆砂に基づく堆砂・排砂対策
		上下流の連続性の回復	（流水、土砂、魚類等の生物の上下流の連続性の回復）維持流量を放流するための恒常的、一時的な容量（以下、「環境容量」と称する）の新たな確保、平衡堆砂、魚道の設置等
		貯水池およびその周辺環境の回復	ビオトープ整備、選択取水設備の設置や清水バイパスの設置、曝気循環装置の設置、湖岸緑化対策等

1章 2章 3章 4章 5章 6章 7章 8章

図－7.2　**海外向けパンフレット表紙（英語版）**[13]

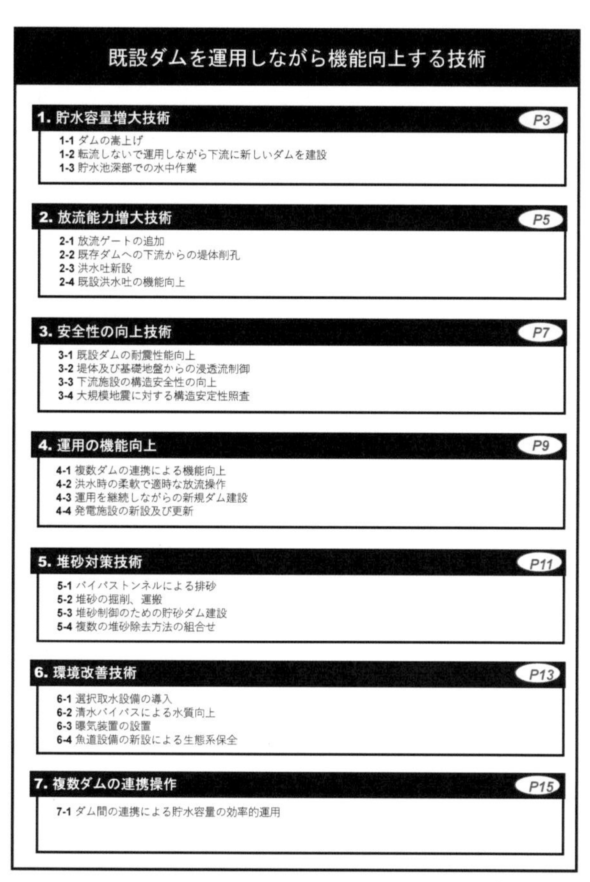

図－7.3　**目的別分類の事例（日本語訳）**[14]

北海道開発局）（図－7.4参照）、大水深部での水中作業事例として鶴田ダム（国土交通省九州地方整備局）（図－7.5参照）を紹介している。

⑵　放流能力増大技術

地球温暖化の影響による短時間強雨や大雨の発生頻度の増加、台風の激化に対応するために、洪水の初期や洪水時の貯水状況に応じて放流操作を柔軟に実施するために放流能力を増大したり操作性を向上させる。

放流ゲートの追加、コンクリートダム本体やトンネル新設による放流設備増設、洪水吐の改造などがある。

放流ゲートの追加事例として長安口ダム（国土交通省四国地方整備局）（図－7.6参照）、ダム本体への放流設備追加事例として鶴田ダム（国土交通省九州地方整備局）（図－7.7参照）、トンネル洪水吐の新設事例として鹿野川ダム（国土交通省四国地方整備局）（図－7.8参照）を紹介している。

⑶　安全性の向上技術

世界有数の地震大国である我が国においては、既設ダムの安全点検と大規模地震に対する耐震性能の照査・向上を迅速に進めている。

耐震性能向上に加え、堤体及び基礎岩盤からの漏水防止やダム下流域の安全対策がある。

既設ダムの耐震性能向上の事例として狭山池ダム（大阪府）の再開発（図－7.9参照）を紹介している。

⑷　運用の機能向上

降雨の激化に伴う洪水被害を軽減させるためには、既設ダムを最大限に活用したソフト面の対応とダムや付帯施設の増設などのハード面の対応をうまく組み合わせる必要がある。

ソフト対応としては、同じ水系のダムとの連携操作や洪水発生時の事前放流や異常洪水時防災操作などのための柔軟なゲート操作がある。また、ハード対応では、上流域へのダム新設や発電所の新設や更新などがある。

複数ダムの連携による機能向上の事例として、淀川水系（図－7.10参照）を紹介している。

(5) 堆砂対策技術

ダムでは100年間で貯まると想定される土砂量を貯める容量を堆砂容量として確保しているが、貯水機能の低下を防止し長期化を図るためには堆砂対策が必要である。

貯水池内への土砂の流入を防ぐバイパストンネルや貯砂ダムの新設と貯水池内の掘削・浚渫に加え複数の方法の組合せなどがある。

バイパストンネルによる排砂の事例として、小渋ダム（国土交通省中部地方整備局）（図－7.11参照）を紹介している。

(6) 環境改善技術

ダム建設により、新たな環境が創出される一方で、上下流の連続性の低下や貯水池の水質悪化・水温低下による生態系への悪影響のほか、河川の機能への支障が懸念される。

選択取水設備や曝気装置による水質改善や水温対策、清水バイパスや魚道設備の増設による生態系保全などの環境改善がある。

選択取水設備の増設による水温管理の事例として、横山ダム（国土交通省中部地方整備局）（図－7.12参照）を紹介している。

(7) 複数ダムの連携操作

同じ水系に関わらず隣接するダム貯水池を導水トンネルでつなぐハード対応により、ダム単体の治水・利水機能の足しあわせ以上に治水・利水機能を向上させ、効率的な運用も可能になる。

川治ダムと五十里ダム（ともに国土交通省関東地方整備局）の連携事例（図－7.13参照）を紹介している。

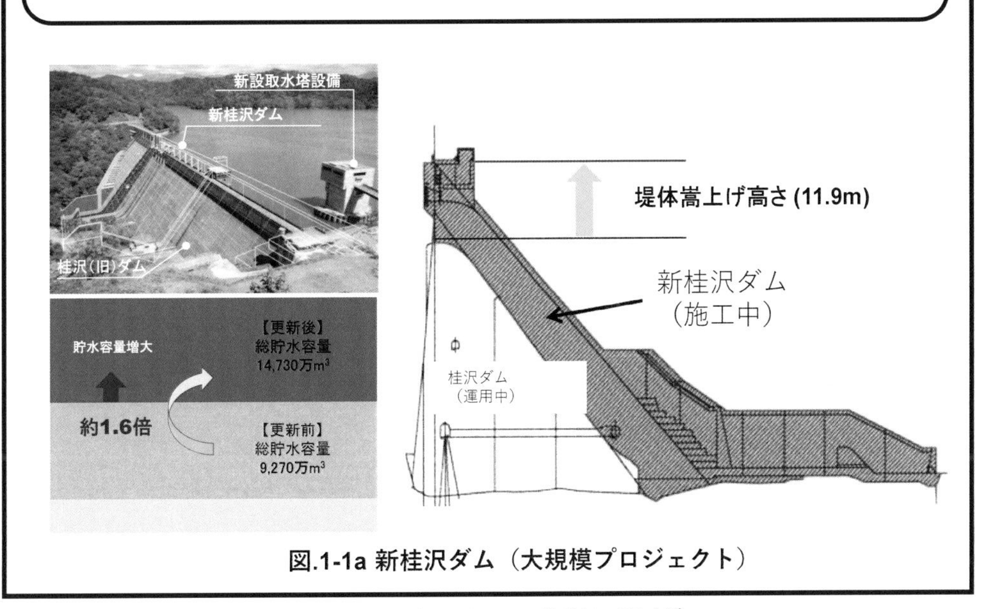

図－7.4　ダムの嵩上げ（新桂沢ダム）[14)]

1章 2章 3章 4章 5章 6章 7章 8章

1-3 貯水池深部での水中作業

既存ダムの操作・機能に支障がないように貯水容量の再配分を目的とした貯水池深部における水中作業

・鶴田ダム【九州地整：鹿児島県】(図.1-3)

・新桂沢ダム【北海道開発局】.

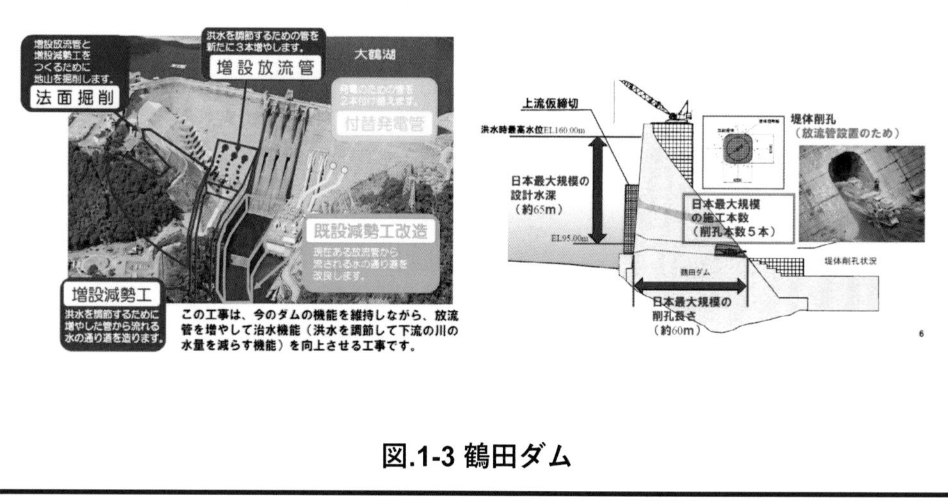

図.1-3 鶴田ダム

図－7.5　**貯水池深部での水中作業（鶴田ダム）**[14)]

2. 放流能力増大技術

2-1 放流ゲートの追加

洪水調節操作の最適化を目的とした放流ゲートの追加設置

・長安口ダム【四国地整：徳島県】(図2-1)

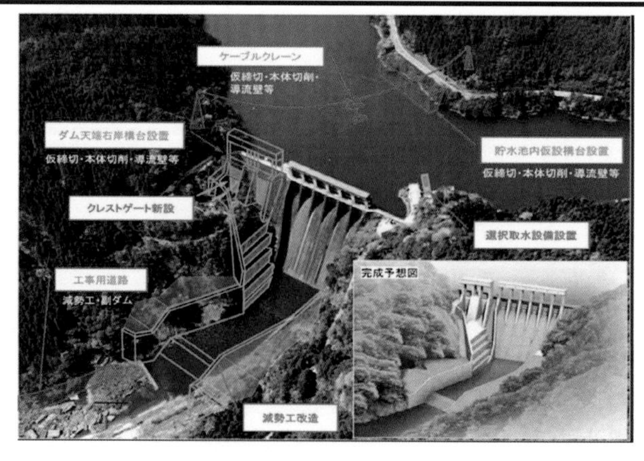

図.2-1 長安口ダム

図－7.6　**放流ゲートの追加（長安口ダム）**[14)]

2-2 既設ダムへの下流からの削孔

操作の最適化のための堤体削孔による放流設備の設置
- 鶴田ダム【九州地整：鹿児島県】(図.2-2)
- 田瀬ダム【東北地整：岩手県】

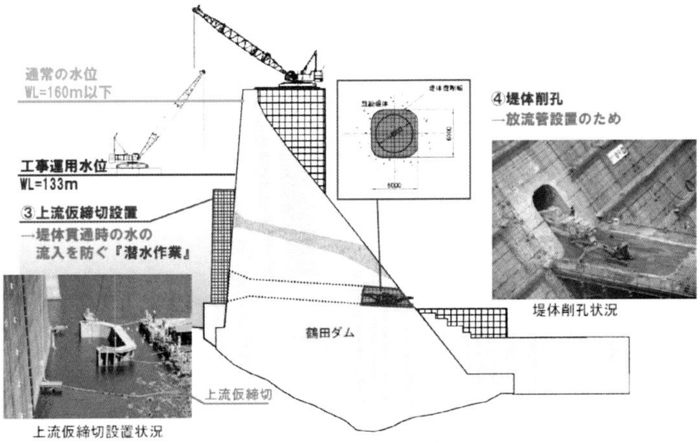

通常の水位
WL=160m以下
工事運用水位
WL=133m
③上流仮締切設置
→堤体貫通時の水の流入を防ぐ『潜水作業』
④堤体削孔
→放流管設置のため
鶴田ダム
上流仮締切
上流仮締切設置状況
堤体削孔状況

図.2-2 鶴田ダム

図－7.7　**既設ダムへの下流からの削孔（鶴田ダム）**[14)]

2-3 洪水吐新設

堤体改造なしに操作の最適化のために新たなトンネル洪水吐の設置
- 鹿野川ダム【四国地整：愛媛県】(図.2-3)
- 天ヶ瀬ダム【近畿地整：京都府】

世界最大級の鋼製ペンストック管
（直径：11.5 m）

図.2-3 鹿野川ダム

図－7.8　**洪水吐新設（鹿野川ダム）**[14)]

3. 安全性向上技術

3-1 既設ダムの耐震性能向上

洪水調節能力を向上したうえで耐震性能を向上

・狭山池貯水池【大阪府】(図.3-1)

・本河内低部ダム【長崎県】

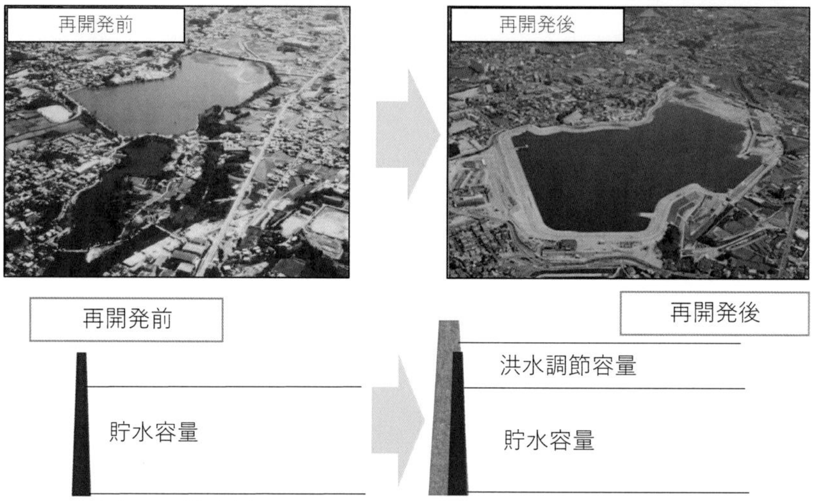

再開発前　再開発後

再開発前　再開発後

洪水調節容量

貯水容量　貯水容量

図.3-1 狭山池 (現存する日本最古のダム、1,300年前に築造)

図－7.9　耐震性能向上（狭山池ダム）[14)]

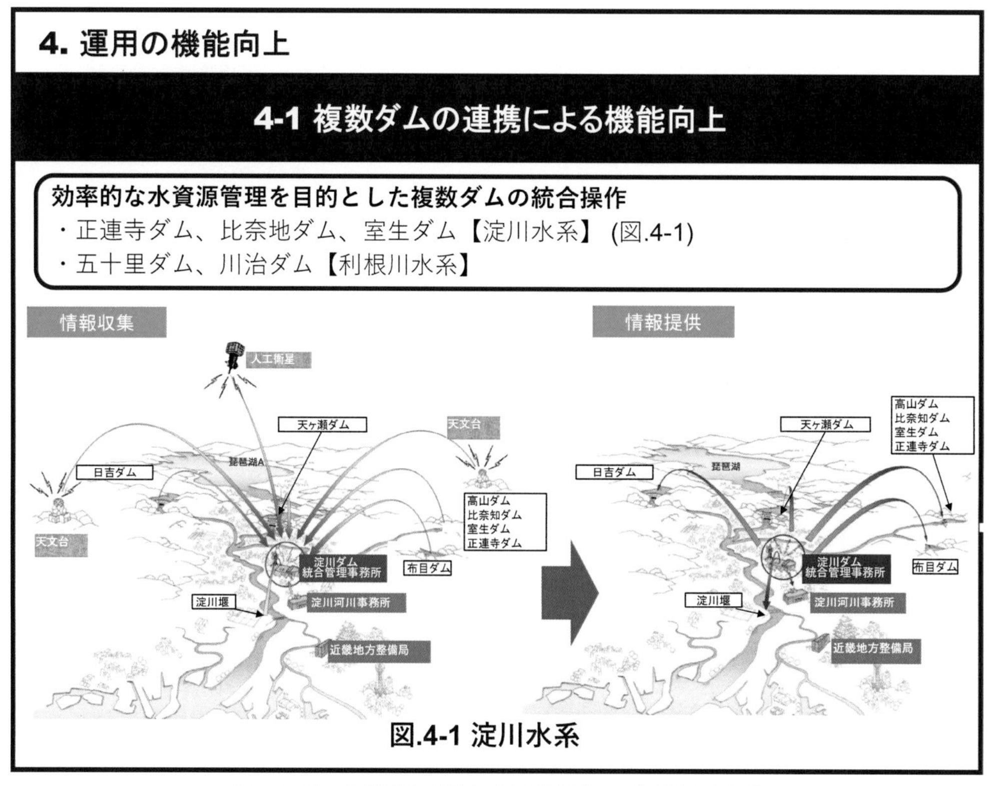

図－7.10　複数ダム連携による機能向上（淀川水系）[14)]

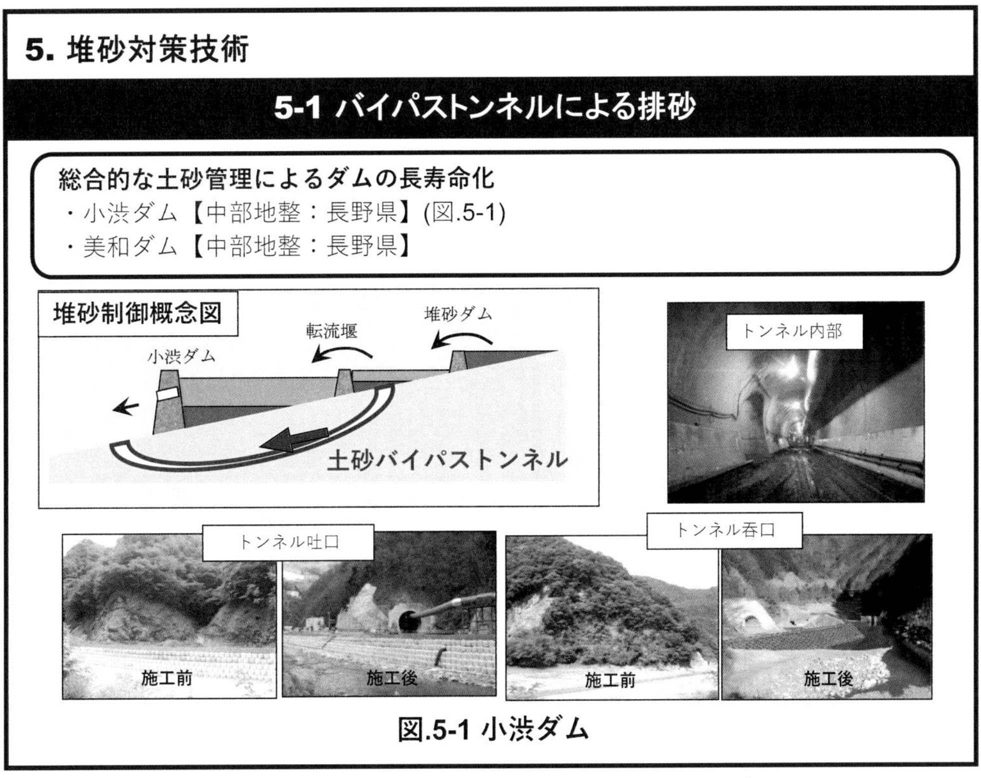

図－7.11　**バイパストンネルによる排砂（小渋ダム）**[14)]

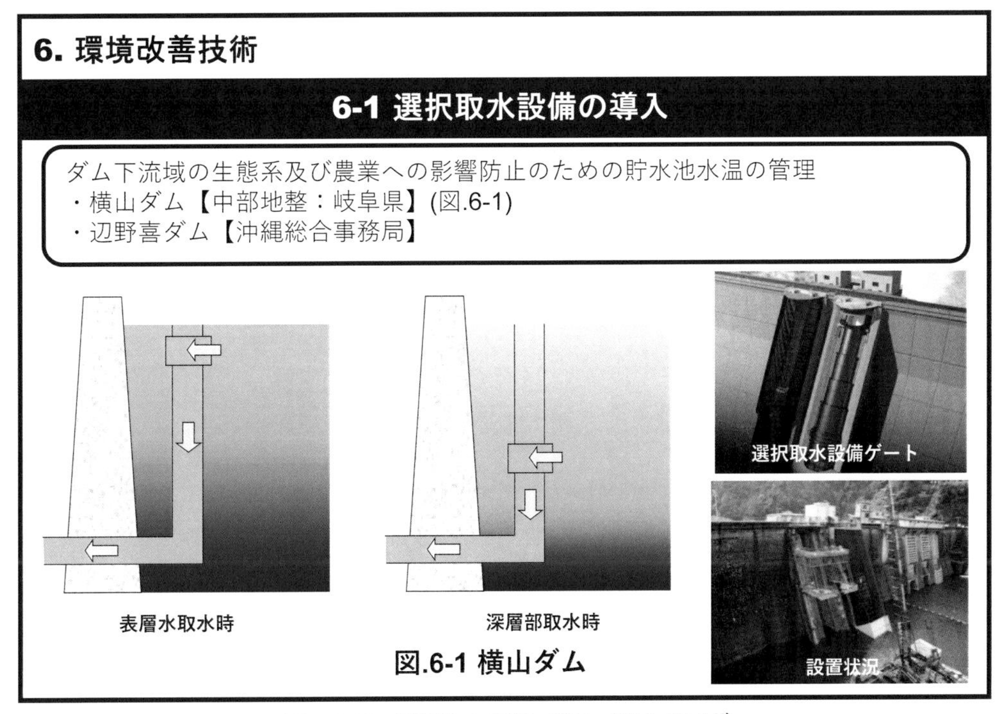

図－7.12　**選択取水設備の導入（横山ダム）**[14)]

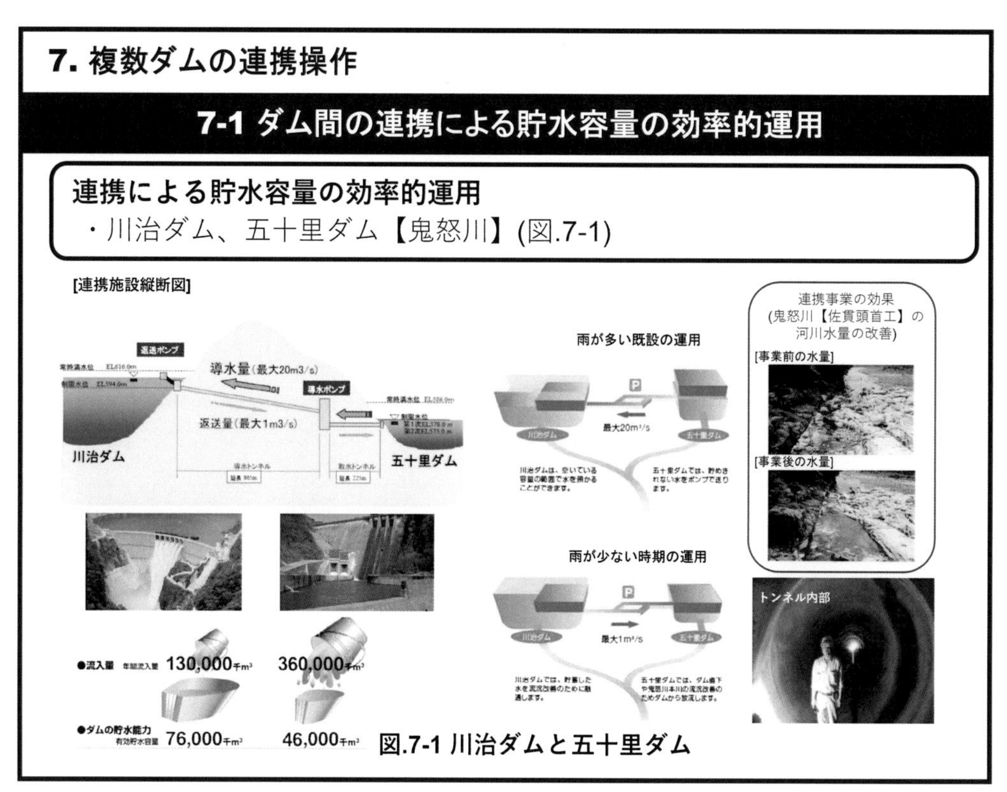

図－7.13　**ダム間の連携による効率的運用（川治ダムと五十里ダム）**[14)]

7.4　先進的なダム再開発技術

ダム再開発の「ハード面の対応」では、施工技術が新規ダム建設とは大きく異なり、固有の技術が求められる。

特に国内では、「既設ダムを運用しながら」機能を向上・長期化・回復する事例が多く、また2010年以降は、大規模な事業が増えたため、工期短縮やコスト縮減を目的とした先進的な技術が多く開発された。

このような状況を踏まえ、ダム工事総括管理技術者会（CMED会）常任幹事会では、2014年度に「ダムの再開発」部会を立ち上げ、ダム再開発工事で採用された技術を対象にした活動を開始した。

CMED会の会員各社がダム再開発工事で採用した施工技術を調査し、収集した約80の技術から、特に先進的かつ高度である29の技術に絞り込んだ（表－7.3参照）。

さらに技術を類似した施工法ごとに6分類し、各技術の細部まで追加調査を実施したうえで、特徴や相違点などを整理し、区分ごとに比較・分析を行った。

これらの中から、水中作業を大きく効率化させた先進的で高度な技術を2つ紹介する。

7.4.1　シャフト式水中作業機（T-iROBO UW）

【ダム名】

天ヶ瀬ダム（国土交通省近畿地方整備局）再開発（図－7.14参照）

【施工範囲】

放流設備流入部・前庭部（ダム湖内）仮締切内の岩盤掘削（図－7.15参照）

【採用理由】

施工場所が貯水池内の深部での施工であり、潜水作業による人力作業では作業効率が極めて悪く時間を要する。また、地山が急傾斜で水中機械では足場が不安定で安全の確保が難しいと判断した。そのため、水上から遠隔操作によって作業可能な当工法を開発した。

【作業条件】

・最大水深：45m

表－7.3　ダム再開発の先進技術一覧[15)]

種別	要素技術名	NO	工法名	技術概要	工事名
①	堤体穴あけ	1	自由断面掘削機工法	自由断面掘削機による削孔（幌形断面：2.7 × 2.7m） ロードヘッダーの部類に属した機械で、一括掘削する工法	鹿野川ダム選択取水設備施設外新設
		2	自由断面掘削機工法	自由断面掘削機による削孔（矩形断面：6.4 × 6.4m、6.0×6.0m） ロードヘッダーの部類に属した機械で、一括掘削する工法	鶴田ダム施設改造
		3	自由断面掘削機工法	自由断面掘削機による削孔（馬蹄形断面：φ 2.6m） ロードヘッダーの部類に属した機械で、一括掘削する工法	月光川ダム
		4	自由断面掘削機工法	自由断面掘削機による削孔（幌形断面：2.0 × 3.2m） ロードヘッダーの部類に属した機械で、一括掘削する工法	雪谷川ダム
		5	割岩工法	コアドリルによる縁切、油圧割岩機による破砕削孔（馬蹄形：1.8×1.8m）	黒杭川ダム
		6	割岩工法（FONドリル工法）	連続穿孔による自由面形成後、油圧割岩機、大型ブレーカによる破砕削孔（矩形断面：4.0 × 5.0m）≪ NETIS登録 KT-980302-A ≫	荒瀬ダム撤去
		7	SD工法+油圧ブレーカ工法	SD工法による縁切、油圧ブレーカによる破砕（円形断面：φ6.5m）	秋葉ダム
②	堤体取り壊し	8	ワイヤーソー工法	ワイヤーソーによる切断撤去、コアドリル併用（既設洪水吐、堤体取壊し）	西郷発電所ダム改造
		9	ワイヤーソー工法	ワイヤーソーによる切断撤去、大型ブレーカ併用（堤体常用洪水吐取壊し）	熊野川ダム
		10	ワイヤーソー工法	ワイヤーソーによる切断撤去、コアドリル併用（既設堤体のピア取壊し）	新菅原発電所西畑ダム改造
		11	ワイヤーソー工法	静的破砕工法（ワイヤーソー、コンクリート削孔機） コアドリルにより誘導孔を設置、ワイヤーソーで切断（洪水吐シュート部取壊し）	池原発電所　洪水吐減勢工補修
		12	油圧クサビによる割裂工法	クローラドリルにて削孔、油圧クサビ（ビッガー工法）にて2～7tに割裂後、油圧ブレーカーで小割	池原発電所　洪水吐減勢工補修
		13	自由断面掘削機工法	自由断面掘削機による堤体取壊し	笹倉ダム
		14	電子雷管による制御発破工法	電子雷管による起爆時間と斉発量を最適化した多段発発破による堤体取り壊し	荒瀬ダム撤去
③	水中作業（掘削・構造物取り壊し）	15	全旋回オールケーシング（RT-200A）工法	全旋回オールケーシング掘削機により、水中におけるケーシング刃先の岩盤掘削及びフーチングコンクリートの取壊し・撤去（ユニフロート台船上）	鶴田ダム施設改造
		16	全旋回オールケーシング（RT-300）工法	全旋回オールケーシング掘削機により、水中におけるケーシング刃先の岩盤を掘削し、鋼管矢板を設置（作業鋼台上）	鹿野川ダムトンネル洪水吐新設
		17	全旋回オールケーシング（RT-200H）工法	全旋回オールケーシング掘削機により、ケーシング刃先の岩盤を掘削・除去	荒瀬ダム撤去
④	水中作業（その他）	18	ワイヤーソー工法（水中での切断）	水中の既設コンクリートをワイヤーソーによる切削・撤去する工法	鹿野川ダム選択取水設備施設外新設
		19	水中ツインヘッダ	水中の既設コンクリート上流面の凹凸・うねりを切削する工法	長安口ダム
		20	シャフト式水中作業機（T-iROBO UW）工法	水中に立て込んだシャフトにアタッチメントを取り付け、シャフトを昇降させることで、掘削・削岩・測量・撮影などさまざまな作業を行う機械	天ヶ瀬ダム放流設備
		21	LIBRA-S	仮設構台における水中ブレース設置作業を合理化する工法	鹿野川ダムトンネル洪水吐新設
		22	あざらし	水中部の既設コンクリートと新設コンクリートとの打継部の付着を確保するために実施する既設コンクリート面のはつり作業を無人化する工法	鹿野川ダム選択取水設備施設外新設
⑤	上流仮締切	23	上流仮締切（鋼コンクリート半円形）	堤体削孔の到達部をドライにするため、ダム湖側の壁面に半円形の仮締切壁を構築（水深50m）	奥只見発電所増設
		24	上流仮締切（浮体式）	堤体貫通作業、放流管等設置作業箇所の上流仮締切で、浮力を持つ扉体を湖面で組立、一体化して設置	鶴田ダム上流仮締切設備
		25	上流仮締切（鋼矢板＋SR堰）	鋼矢板（Ｖ型）で上流仮締切を施工し、上部に仮設SR堰（H＝4m）を設置	西郷発電所ダム改造
		26	大型テンプレート（底部架台アンカー用）	予備ゲート設置における底部架台ブラケットの水中アンカー削孔・設置の精度及び施工性向上技術（水深35m）	長安口ダム
⑥	浚渫・排砂	27	サイフォンによる移動式吸引工法	上流貯水池と排砂管下流端との水位差により、サイフォン原理を利用して貯水池内の土砂を水とともに吸引し、下流に排出	矢作ダム（実証実験）
		28	エジェクター浚渫工法	高圧の動力水をノズルで噴射する際に発生する負圧により、浚渫土を吸引、動力水でそのまま圧送するシステム	静内ダム浚渫
		29	グラブ・ポンプドレジャー工法	グラブで浚渫した土砂をスクリーンで大玉・異物を除去し、注水しながらスラリー化させ、サンドポンプにより土砂を輸送する方法	八久和ダム

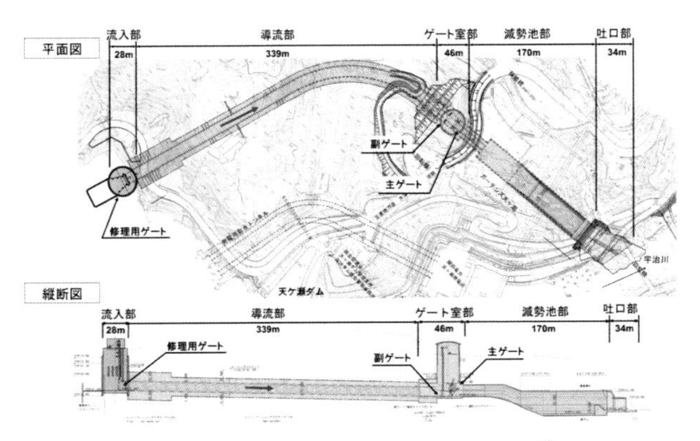

図－7.14　天ヶ瀬ダム再開発計画図[16)]

・対象地質：土砂、軟岩Ⅰ、軟岩Ⅱ、中硬岩

・掘削量：約5 200m^3

【技術概要】

湖上の台船に鉛直に支持されたシャフトを固定し、水中ブレーカ他様々なアタッチメント（図－7.17参照）を装着したバックホウタイプの水中作業機を取り付けて、昇降旋回しながら、遠隔操作によって水中掘削を行う。水中測量、撮影などの一連の水中作業を含めて、水上の遠隔操作室から安全かつ確実に操作する（図－7.16参照）。

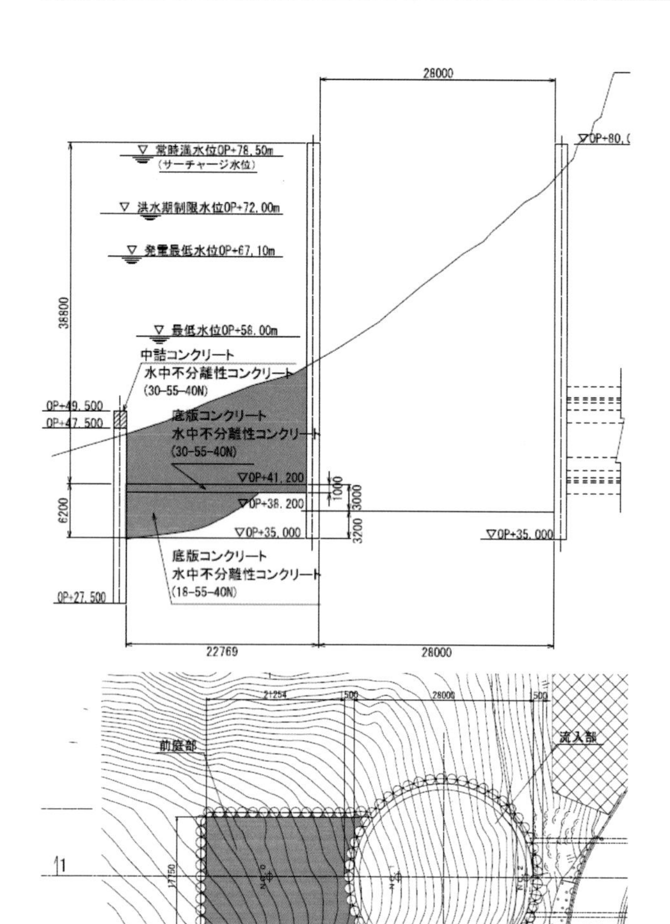

図－7.15　施工範囲[16]

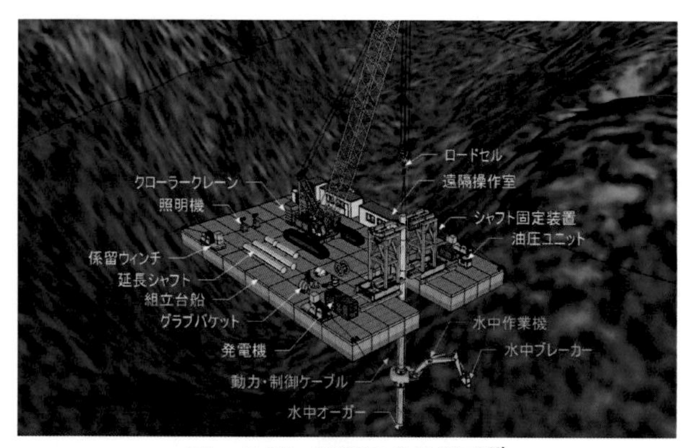

図－7.16　設備の全体構成[16]

アタッチメント	用　途
バケット	掘削、掻き寄せ
水中ブレーカー	岩盤掘削、コンクリート掘削
ツインヘッダー	岩盤掘削、コンクリート掘削
サンドポンプ	浚渫、ずり処理
リッパー	岩盤掘削、コンクリート掘削
コンクリートドレッサー	コンクリート表面切削
エジェクター	浚渫、ずり処理
ダウンザホールハンマー	小口径削孔
エアードリフター	削孔、構造物縁切り
回転ブラシ	表面掘削、付着物除去

図－7.17　多種多様なアタッチメント[16]

【施工方法】

施工手順を図－7.18に示す。

①シャフト建て込み

②水中掘削機据付・進水

③岩盤破砕・集積

④浚渫

図－7.18　施工手順[16]

【特徴】

貯水池内における掘削や構造物取壊しの他、水中測量や撮影など多様な作業に対して、ダイバーを使わずに施工できる多機能機械で、大水深部、急峻な地形、視界の悪い場所での施工に威力を発揮する。

可視化技術と情報化施工による遠隔操作の組合せにより、従来施工法と比較して、安全性と施工性が大幅に向上する。

【効果】

① 水深50m程度までの大水深部で潜水作業を大幅に軽減でき、安全性が高まる。

② シャフト先端に水中オーガーを配置して、地盤に固定するため、急傾斜地でも安定して支持できる。

③ 水中機械のための作業床が不要である。

④ 多種のアタッチメントを使用でき、多機能作業が可能である。

⑤ 超音波カメラ及びマルチファンビーム使用による水中可視化技術により光線が届かない深部でも高精度で高い施工性の確保が可能である。

⑥ マシンガイダンスを使用した情報化施工により高精度の施工が可能である。

【施工実績】

① 施工能力：25m^3／日（19時間稼働）と計画通りに施工できた。

② 安全性：誤動作による挟まれ事故等はなく、安全に施工できた。

7.4.2　浮体式上流仮締切

【ダム名】

鶴田ダム（国土交通省九州地方整備局）再開発（図－7.19参照）

【施工範囲】

増設放流管の堤体上流仮締切（図－7.20参照）

【採用理由】

仮締切設置位置の岩盤形状、コンクリート形状が設計と大きく異なっており、工程遅延が懸念されたため、台座コンクリートの施工が困難になった。開発準備中であった浮体式仮締切工法を採用すれば、岩盤掘削、台座コンクリートの施工が不要になることから、念入りな調整を重ねたうえで新工法を採用した。

【技術概要】

仮締切扉体の両側に鋼板（スキンプレート）を貼り、これを浮力室とすることにより扉体を浮体化させる。接続先のダム堤体面には浮上り防止金物を設置し、仮締切設備の浮力を支持する。仮締切扉体は水を注排水することにより吃水を調整できる構造であり、浮力と自重を調整しながら位置を合わせる。水密ゴムを設けた扉体を水圧によって戸当りに押しつけることで止水性を確保する（図－7.21参照）。

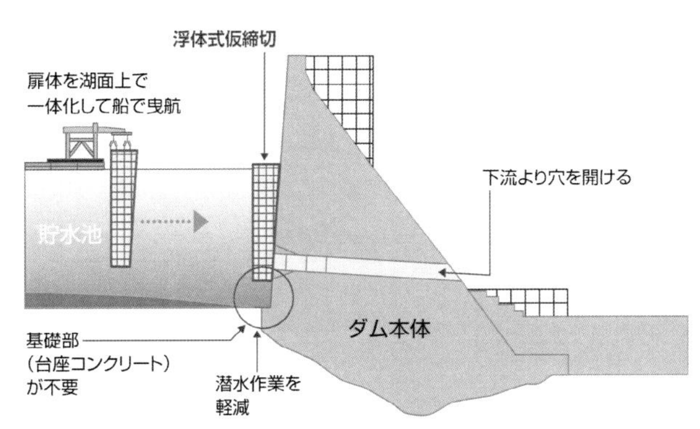

図－7.20　**浮体式上流仮締切設置要領**[18)]

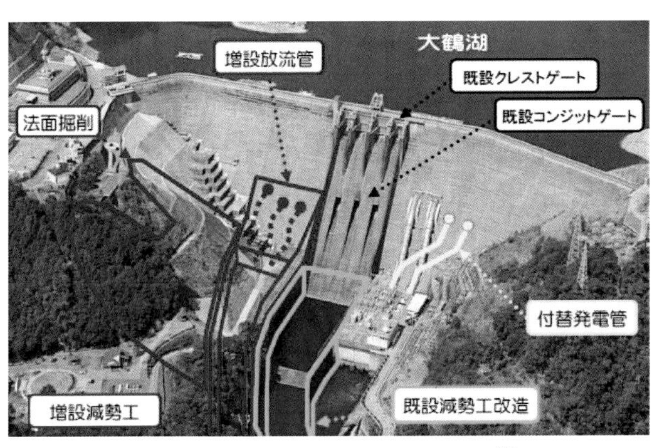

図－7.19　**鶴田ダム再開発計画図**[17)]

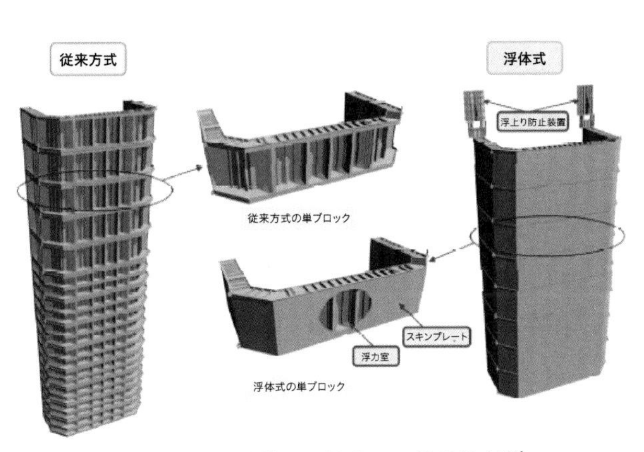

図－7.21　**浮体式と従来式の構造比較**[18)]

【施工方法】

施工手順を図－7.22に示す。

1. 扉体ブロック曳航
工場より3分割で現地搬入された扉体ブロックを現地仮工場で組立・溶接を行い、運搬台船で扉体大組立位置まで曳航。

2. 扉体ブロック吊込み
曳航してきた扉体ブロックをクレーンで下部ブロック上に吊込む。

3. 扉体ブロック結合
扉体ブロックを結合。扉体組立台船は4つのチェーンブロックを装備しており、それぞれの荷重をロードセルを介して管理している。

4. 扉体ブロックの結合状況
扉間水密ゴムの当り、つぶれを確認し、扉間連結ボルトの締結を行う。

5. 連結扉体の沈降
扉体バラストタンクに注水し、扉体を沈降させる。
8段目から5段目までの扉体ブロックはバラストタンク構造で、浮力調整が可能である。

6. 扉体ブロック結合完了
1～5を繰り返し、底蓋＋8扉体ブロック全ての結合完了。

7. 扉体曳航
扉体組立台船により据付位置まで曳航。
（この時の吊り荷重は約5トン）

8. 浮上
扉体バラストタンクから抜水、浮力調整を繰り返して扉体を浮上させる。

9. 浮上完了

10. 扉体固定、玉掛ワイヤーの解放
吊りロッドと4ヶ所の緊結金物を取付てクレーンを解放。

11. 緊締金物の取付
上部から順番に緊締金物を取付て、扉体と戸当りを密着させる。

12. 据付完了
緊締金物の取付を完了し、これから抜水作業に取り掛かる。

図－7.22　**施工手順**[18)]

【特徴】

貯水池内における上流仮締切は、従来仮締切を支持する基礎部（台座コンクリート）が必要であったが、当工法では仮締切自体を浮体化させることにより、基礎部が不要になる。さらにブロックの連結作業を湖面で実施できる。これらにより潜水作業を大幅に軽減できる。

【効果】

① 最大水深65mにおける潜水作業を大幅に軽減でき、安全性が高まった。

② 仮締切扉体の接続一体化とダム堤体への戸当り設置が平行作業できることと一体化した扉体をダム堤体に曳航・緊定できることから、工期を短縮できる。

③ 台座コンクリートが不要になることから、工期の短縮とコストダウンができる。

④ 転用する際、従来のように解体・再設置する必要がなく、扉体を堤体から引き離した後、ブロックは解体せずに一体のままで曳航し別の施工場所へ移設することが可能である。

⑤ 湖面上でブロックの連結を行うことから扉体間の水密ゴムのつぶれが確実に確認でき、漏水量を低減できる。

【施工実績】

① 工程：当初計画は、扉体の水中組立に30日、据付に7日見込んでいたが、実績では、湖面連結に20日、設置は1日で完了した。

② 品質：仮締切内の漏水量は、既往実績より50l／分程度を見込んでいたが、当工法とその他対策の効果により5l／分の漏水量であった。

参考文献

1）　一般財団法人日本ダム協会：ダム便覧 2021，日本のダム，ダム数集計表，竣工年別型式別 http://damnet.or.jp/cgi-bin/binranA/Syuukei.cgi?sy=syunkei
2）　一般社団法人　ダム工学会　近畿・中部ワーキンググループ，ダムの科学，p.168，2012.11.
3）　国土交通省：環境，国土交通省気候変動適応計画，参考資料 平成 27 年 11 月，p.2, https://www.mlit.go.jp/sogoseisaku/environment/sosei_environment_fr_000130.html
4）　一般財団法人国土技術研究センター：国土を知る / 意外と知らない日本の国土，地震の多い国日本，https://www.jice.or.jp/knowledge/japan/commentary12
5）　一般財団法人日本ダム協会：施工技術研究会調査部会第 3 班，ダムのリニューアル等に関する調査報告書，2005 年 10 月.
6）　国土交通省：報道・広報，「ダム再生ビジョン」の策定，ダム再生ビジョン本文・概要，ダム再生ビジョン検討会，2017 年 6 月 27 日，https://www.mlit.go.jp/river/dam/saisei_vision.html
7）　国土交通省：報道・広報，「ダム再生ビジョン」の策定，【資料 1】ダム再生ビジョン　概要，p-3，https://www.mlit.go.jp/common/001190128.pdf
8）　財団法人ダム技術センター：多目的ダムの建設（昭和 62 年版）第 4 巻設計Ⅱ編，第 26 章ダムの再開発，p.89.
9）　財団法人ダム技術センター：多目的ダムの建設（平成 17 年版）第 5 巻設計Ⅱ編，第 28 章ダムの再開発，p.232.
10）山口嘉一・坂本博紀：最近のダム再開発事業における構造に関する技術的課題，p.24，土木技術資料 53-1，独立行政法人土木研究所，2011 年
11）財団法人ダム技術センター：ダム再開発の今後の方向（概要版），ダム再開発検討研究会，p.3，平成 19 年 2 月.
12）山口嘉一：ダムの再開発，国土交通大学校 H26 専門課程ダム管理技術研修，p.8，2015 年 1 月 22 日.
13）“Advanced Technologies to Upgrade Dams under Operation”：Water and Disaster Management Bureau Ministry of Land, Infrastructure, Transport and Tourism，Government of Japan，表紙，2018 年 5 月，https://www.mlit.go.jp/river/kokusai/pdf/pdf02.pdf
14）国土交通省：水管理国土保全局河川計画課国際室，Advanced Technologies to Upgrade Dams under Operation【13）の日本語版】
15）ダム工事総括管理技術者会常任幹事会：要素技術一覧表，「ダムの再開発」検討部会資料
16）大成建設株式会社：「シャフト式水中作業機（Ti-ROBO UW）」関係提供資料
17）国土交通省　九州地方整備局　河川部企画部・川内川河川事務所：Press Release，p.1，平成 26 年 1 月 17 日.
18）鹿島建設株式会社：「浮体式上流仮締切」関係提供資料

第8章

今後の課題

第8章 今後の課題

我が国のダムを取り巻く環境は日々変化しており、ダムをより効率的に利用することが求められている。特に人口減少、気候変動、激甚災害などは今後の我が国の進むべき方向を左右する。このような我が国のダムを取り巻く環境変化に対処する方法として、既設ダムの再開発も含めた種々の新しい技術を紹介しつつ、今後の可能性について解説する。

8.1 日本の将来とダム

我が国のダムを取り巻く環境は日々変化しており、ダムをより効率的に利用することが求められている。特に次に示す⑴人口減少と地域格差、⑵気候変動と大規模水害、⑶激甚な被害をもたらす自然災害（地震等含む）などは重要である。これらはいずれも様々な分野に大きな影響を及ぼすが、ダムに関する課題としても重要な課題となる。

⑴に関しては、図－8.1、2に示すように、今後急速に総人口が減少するばかりでなく、15歳～64歳の壮年期の人口（生産年齢人口）が減りその割合も急減する。また、我が国内における人口分布が変化し、東京などの大都市周辺への集中と、地方都市等への人口の著しい減少が発生することになる。これは図－8.3に示すように土地の利用方法などに対しても大きな影響を及ぼすため、これからの自然災害等に対しても大きな影響を及ぼす可能性がある。

⑵に関しては、地球温暖化が進行するとともに我が国周辺の海水温の上昇などが原因となり、我が国の気候変動に対しても大きな影響を及ぼす。中でも日本近海の自然環境に対しては、図－8.4に示すように台風等による短時間降水量の増大、ひいては我

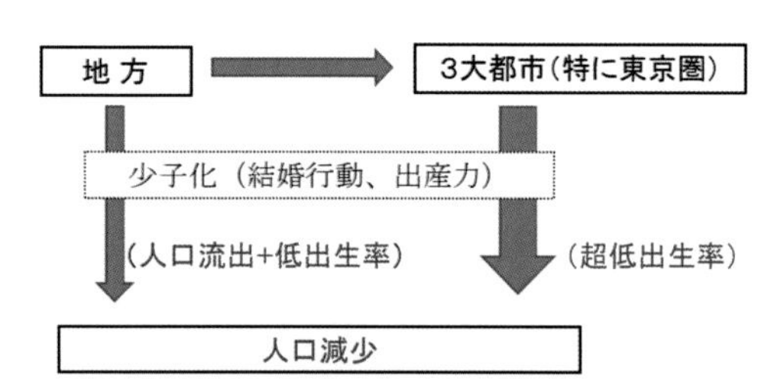

図－8.2　大都市への若年層流入による 人口減少の加速[2)]

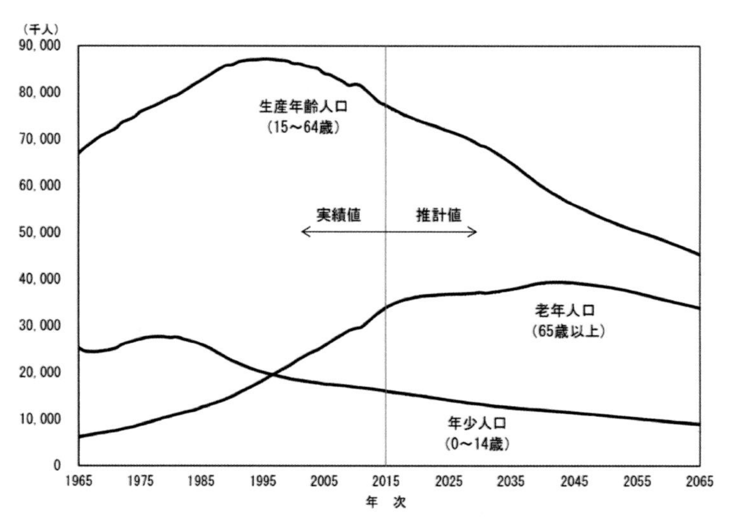

図－8.1　年齢別人口分布の変化（平成29年推計）文献1)に基づき作成

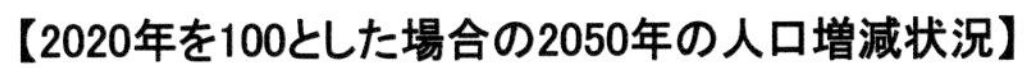

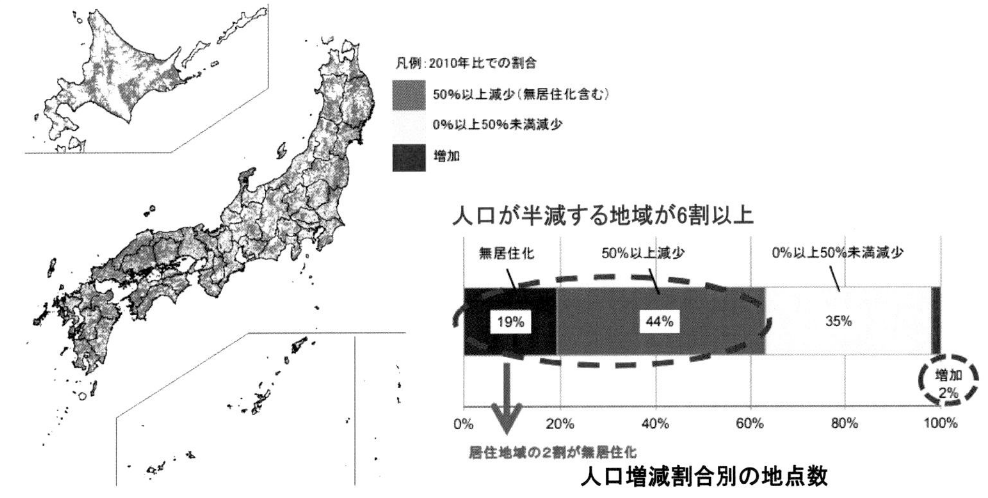

図－8.3　過疎化が進む地域の人口推移（予測：2050年）文献3)に基づき作成

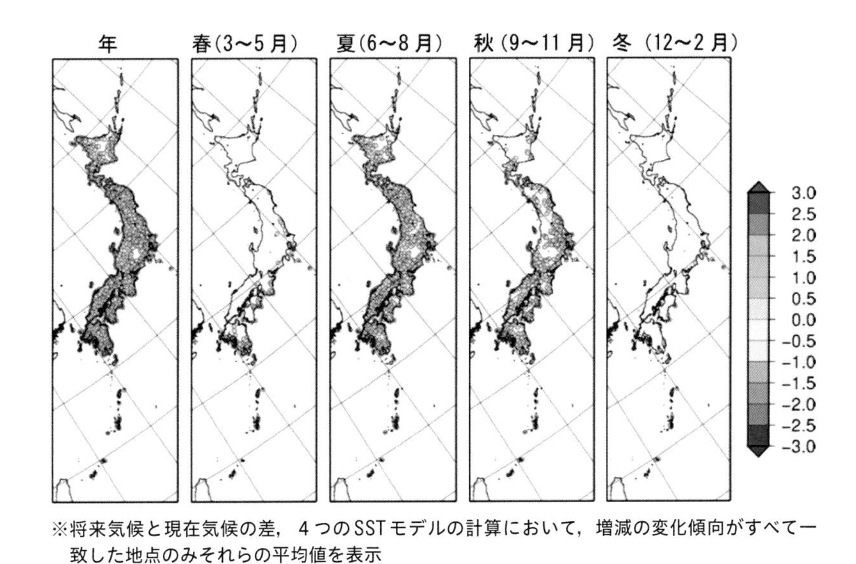

※将来気候と現在気候の差，４つのSSTモデルの計算において，増減の変化傾向がすべて一致した地点のみそれらの平均値を表示

図－8.4　短時間豪雨の発生回数の増加[4)]

が国での水害、風害の増大などが予想される。

また、(3)に関しては近年我が国では図－8.5、6に示すように水害ばかりでなく地震災害、津波災害なども全土で発生している。それぞれの災害は、発生する場所、原因、程度等が異なるが、結果的に我が国に対して多大な損害を与えている。今後もこの種の災害は発生する可能性が高いが、少しでも災害による損害を減少させることが重要である。

以上説明したように、今後対応しなければならない課題は様々である。ダムに対する要求事項に関しても、今までとは異なった事項が含まれる。現在、日本の水利用は世界の国々とほぼ同じ傾向を示して

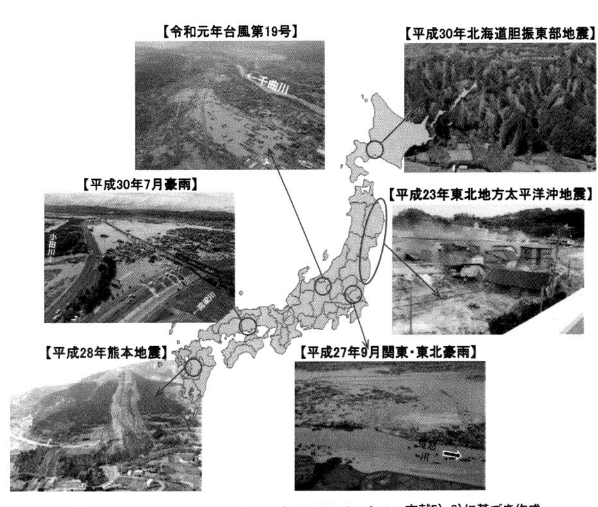

図－8.5　最近の主な自然災害事例文献5),6)に基づき作成

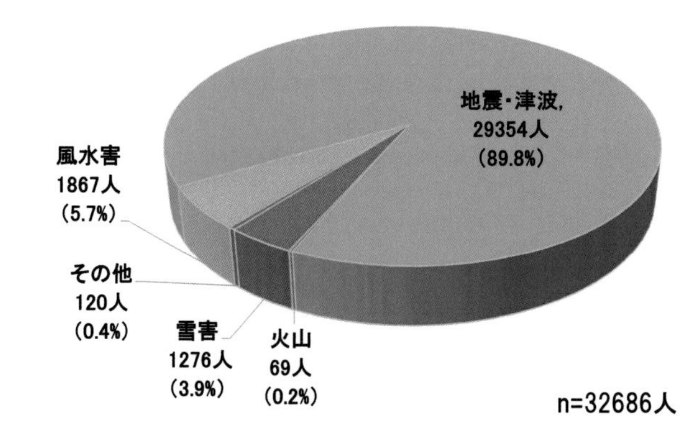

図－8.6　自然災害による死者及び行方不明者（1993-2018年）文献7)に基づき作成

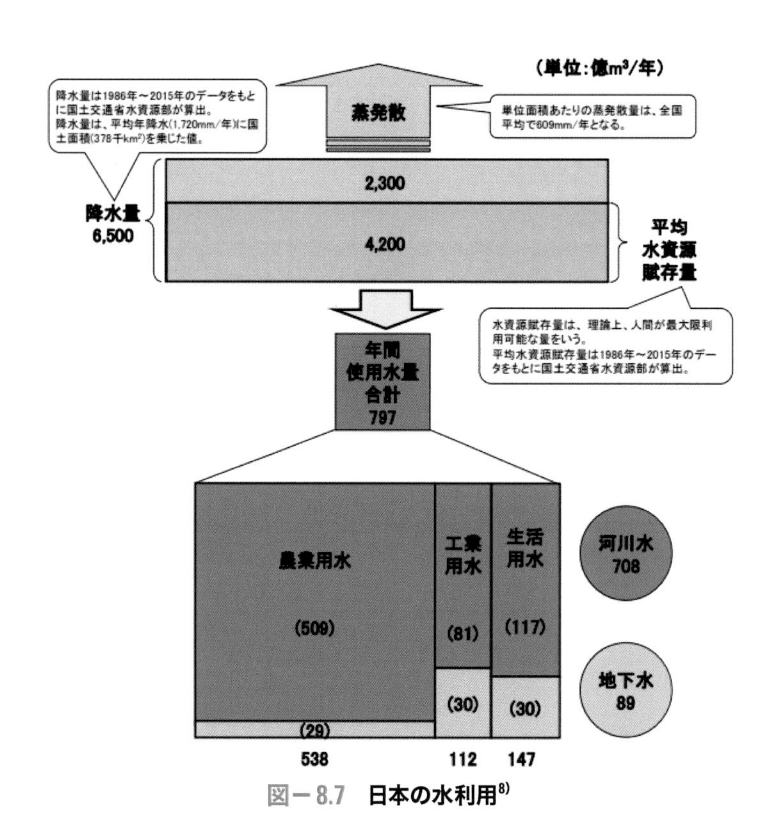

図－8.7　日本の水利用[8)]

おり、主な水利用は図－8.7に示すように、農業用水、工業用水、生活用水などである。しかし、将来の我が国を予想すると、人口減少等の影響で従来必要とされて来た水量も大きく増大することはないと考えられる。そこで、これからのダムの役割としては図－8.8に示すような利水中心の利用から、これまで以上に2019年の台風19号に代表されるような台風等の降雨による洪水対策への積極的な利用が期待される（図－8.9参照）。即ち、ダムの利用方法を変更して、流水型ダムなどのような治水を専用ないしは主要な目的としたダムへの改修・改良なども考えられる。

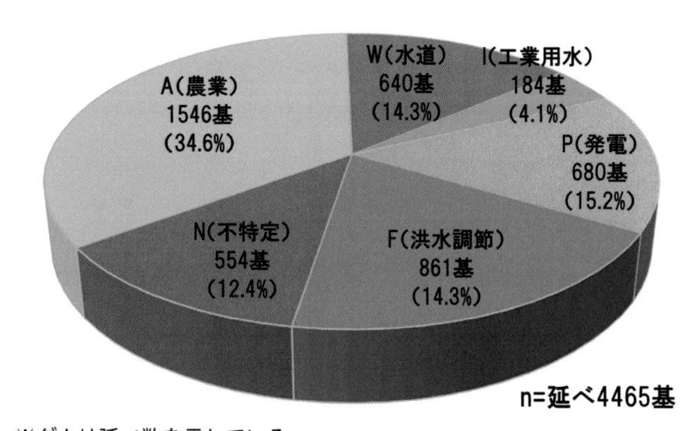

※ダムは延べ数を示している。
一つのダムについて複数の目的がある場合は目的ごとに１基のダムとして計上している。

図－8.8　既設ダムの目的別シェア文献9)に基づき作成

台風19号による大雨で増水し氾濫した千曲川，中央は決壊した堤防
（2019年10月13日13時10分頃撮影）

図－8.9　令和元年の台風19号による洪水被害[10)]

8.2　今後のダム貯水池の役割

ダム貯水池の重要な役割は種々あるが、中でも⑴農業用水の安定供給、⑵水道用水の安定供給、⑶工業用水の安定供給、⑷水力発電によるエネルギー供給、⑸洪水調節による洪水被害の軽減、⑹流水の正常な機能維持、⑺堆砂問題の対応、⑻レクリエーション・観光機能などが重要な項目である。しかし、これらの役割も時代とともにニーズが変化しており、例えば⑴の農業用水の安定供給や⑵水道水の安定供給などは徐々にそのニーズが変化している。図－8.10は日本の耕地面積と人口等の推移を示したものであるが、今後の予想としては我が国の耕地面積が減り始めていることを示している。同様な傾向は水道水の場合にも認められ、図－8.11に示すように、今後、人口の減少とともに必要とされる水道水量が徐々に減少することが予想されている。また流水の正常な機能維持や堆砂問題の対応等も重要な課題であるが、特に「8.1 日本の将来とダム」で述べたように、ダムにとって洪水による災害を防止すること（「洪水調節機能」）は今後ますます重要視されることになる。

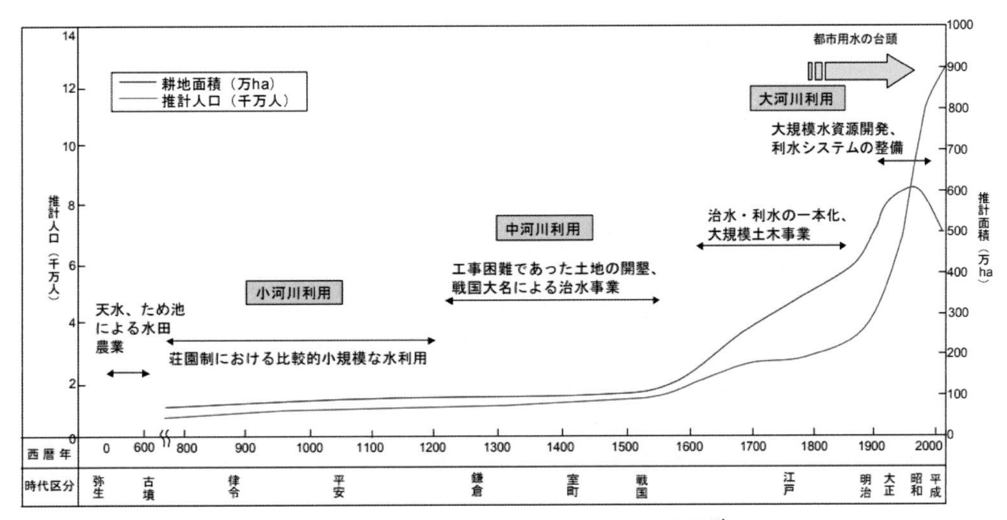

図－8.10　日本の耕地面積と人口等の推移[11)]

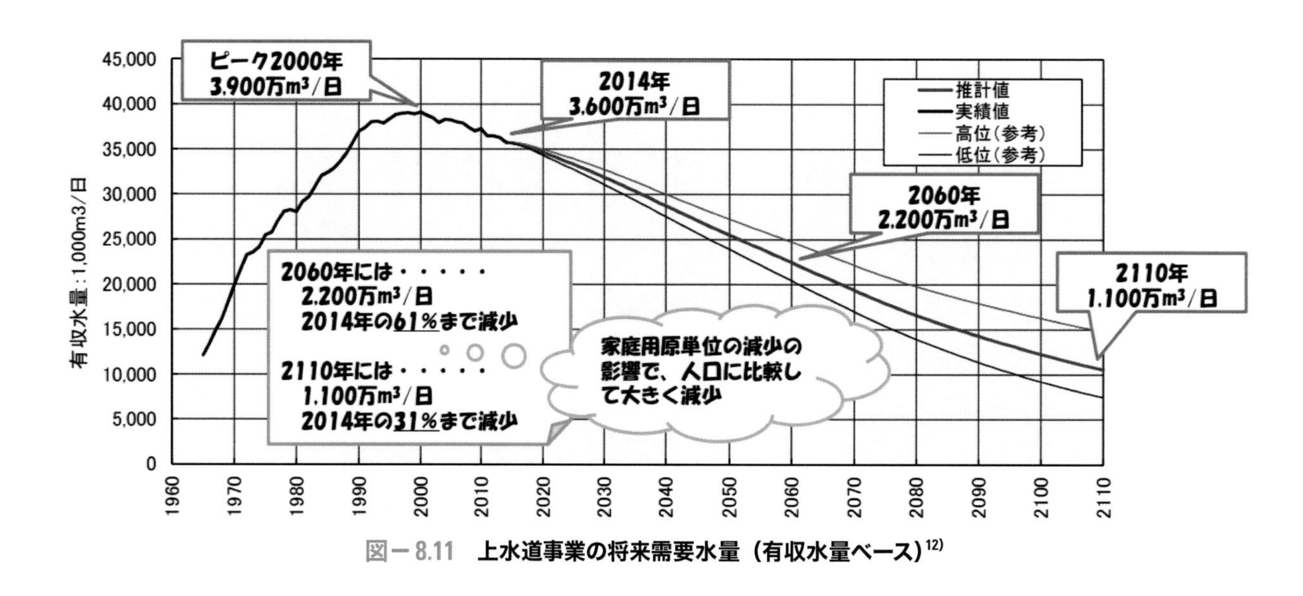

図－8.11　上水道事業の将来需要水量（有収水量ベース）[12)]

以上のことを考慮すると、今後のダム貯水池の役割として大切なことは次のようにまとめることが可能である。

ダムの有効利用を図る方法には種々あるが、図－8.12に示したようにダムの貯水池を⑴永く、⑵賢く、⑶増やして、⑷ネットワークで使うことが要求されている[13)]。これらの利用方法は既設のダムの場合でも再開発して利用することが可能であり、新設ダムより短期間で実現することが可能であるという利点がある。

これらの方法について説明すると、以下のとおりである。

⑴　ダム貯水池機能の維持・保全・安全対策（フェーズ１：永く使う）

既存のダム貯水池を持続的・継続的に活用しながら、ダム貯水池を安全に永く活用していく。

（フェーズ1）ダム貯水池を永く使う

（フェーズ2）ダム貯水池を賢く使う

（フェーズ3）ダム貯水池を増やして使う

（フェーズ4）ダム貯水池をネットワークで使う

図－8.12　ダム貯水池の今後取り組むべき課題・解決法策の枠組み文献13)を参考に作成

⑵　ダム貯水池機能の高度化・有効利用（フェーズ２：賢く使う）

ダム貯水池の管理・操作や利用方法等について、新しい技術や考え方を導入し、ダム貯水池を賢く活用していく。

⑶　ダム貯水池機能の強化・拡大（フェーズ３：増やして使う）

ダム貯水池機能（洪水調節・流水の正常な機能の維持、利水等）を、様々な周辺環境条件の変化に対応して強化・拡大するために、ダム貯水池容量を積極的に増やしていく。

例えばダムの貯水池を増やして使う一つの方法として、既設のダムの嵩上げを行う方法なども有効な方法である。その一例として、図－8.13に示す、国土交通省北海道開発局により北海道三笠市で行われている桂沢ダムの嵩上げ事業などがある。この例は既設の桂沢ダムを11.9m嵩上げして貯水容量を1.6倍に増大させた新桂沢ダムに再開発するもので、同等の効果を得るための新規建設よりも短期間で実施することが可能とされている。

⑷　ダム貯水池機能の最適化・ネットワーク化（フェーズ４：ネットワークで使う）

ダム貯水池を点の施設から水系全体や周辺流域までの広がりを持つネットワーク施設に転換し、水系・流域としての効果を最大限発揮させる。

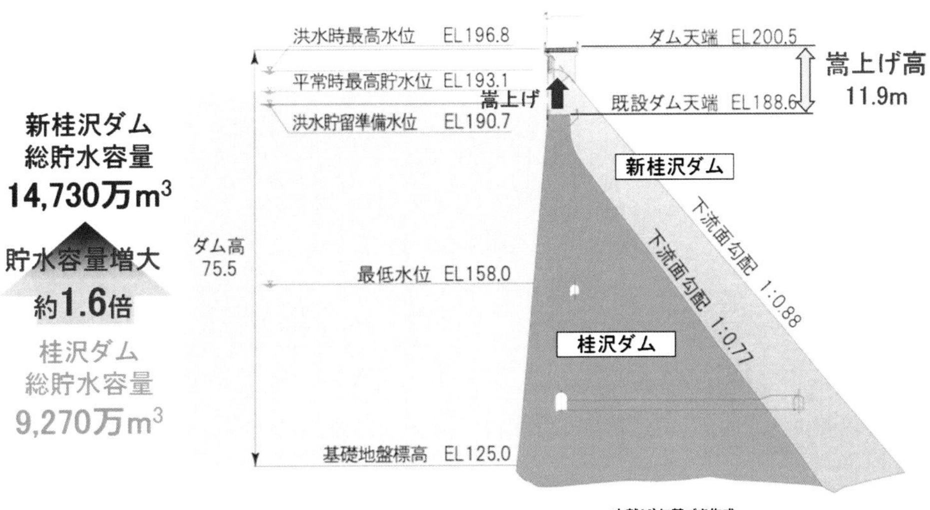

図－8.13　新桂沢ダムの嵩上げ事業の概要文献14)に基づき作成

一例として図－8.14に示した画像は、リアルタイムで気象データを入手するばかりでなく、管理下のいくつかのダムをネットワーク化し、各ダムの情報を瞬時に収集し、この水系・流域全体の水量効果を最大限発揮させている事務所の例である。この図に示すように、近隣のダムとのネットワークをうまく活用することはより効率よく水系・流域としての効果を発揮させることが可能である。

これらの有効利用は既に種々行われており、既設ダムの再開発事業として注目されている。しかし、これからの地球温暖化を考慮した気象変動の影響を考えると、将来的にはさらに災害リスクを考慮した土地利用や治水対策も重要となる。

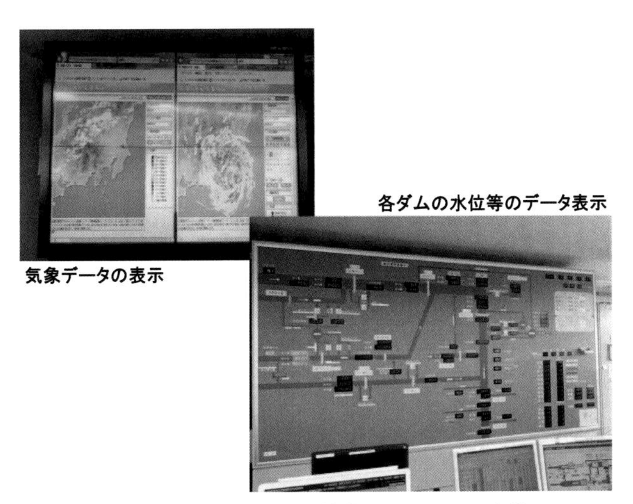

図－8.14　ダム貯水池機能のネットワーク化

8.3　今後取り組むべき課題

これからの更なる気象変動の影響を考慮すると、従来行われてきたようなダム建設や河川堤防をより高く建設する方法等以外にも様々な方法を検討する必要がある。今後我が国の気温が2℃上昇した場合の降雨量変化倍率は、3地域で1.15倍、その他12地域で1.1倍、4℃上昇した場合の降雨量変化倍率は3地域で1.4倍、その他12地域で1.2倍と試算されており[15]、将来の気象変動による洪水等の発生可能性は著しい影響を受けることになる。このような将来の降雨量の増大を考慮した計画が重要となる。

一例として、図－8.15に示すように、将来の人口予測をにらんだ上で災害リスクを考慮した土地利用（住まい方の工夫）の促進などを行うことも重要となる。特に、今後我が国の人口が減少し、空き地等が増大する可能性が高いことを考慮すると、現在の居住場所ばかりでなく、人々がより安心して安全に生活できるような場所を選定し、災害リスクを考慮した土地利用を講じることも重要である。

その際には、図－8.16に示すように床上浸水の頻度が高い地域など、災害リスクを分かりやすく提示することにより、災害リスクの低い地域への居住や都市機能の誘導等を促すとともに、特に、浸水深が

輪中堤及び宅地嵩上げのイメージ

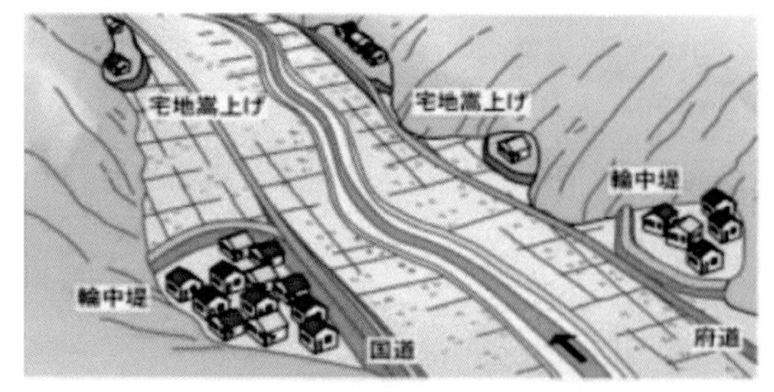

輪中堤の整備

地方公共団体による土地利用規制（災害危険区域の指定）

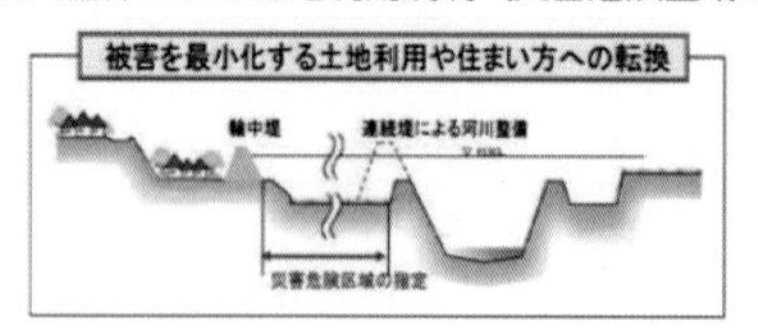

図－8.15　**土地利用状況を考慮した治水対策**[16)]

〇床上浸水の頻度が高い地域など、災害リスクの高い地域を提示することを通じて、災害リスクの低い地域への居住や都市機能の誘導等を促す
〇特に、浸水深が大きく、人命に関するリスクが極めて高い地域などは、その災害リスクを提示し、建築物の構造等の工夫を促す

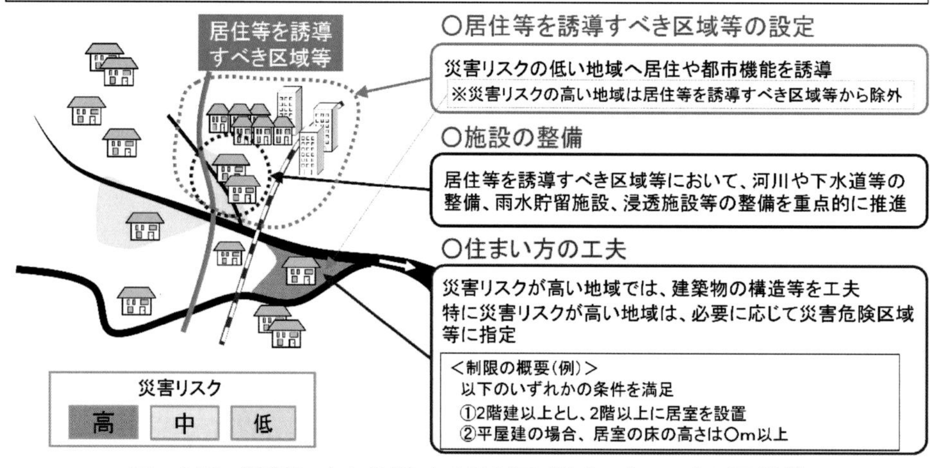

図－8.16　**災害リスクを考慮した土地利用（住まい方の工夫と促進）**[17)]

大きく、人命に関わるリスクが極めて高い地域などは、その災害リスクを提示し、建築物の構造等の工夫を促すことなどが大切である。これらのことはその箇所に住む人々の了解を得ることが大切で、住民が自分の住む場所を選定しなおすなどの方法も取り入れることにより、災害のリスクを減らし、機敏に対応することが重要になる。その他にも地震、津波、その他の災害による影響をも考慮した対策を講じる必要がある。

このような水害に対処するためにはハザードマップが重要であるが、常日頃この種の情報入手方法を理解してもらうことが大切である。ハザードマップはそれぞれの地域ごとに公表されているが、東京都新宿区の例を取り上げると、大雨による河川の増水や雨水による浸水の予測結果（平成31年1月東京都作成）に基づいて、新宿区内で予想される浸水範囲とその程度や、各地域の避難所等を地図上に示してある（図－8.17参照）[18)]。

水害対策には、事前の気象情報の収集、早めの避難が重要であり、日頃から水害への備えを万全にしておくことが大切である。この図では大雨による河川の増水や雨水による浸水の予測結果に基づいて、新宿区内で予想される浸水範囲とその程度や、各地域の避難所等を示している。

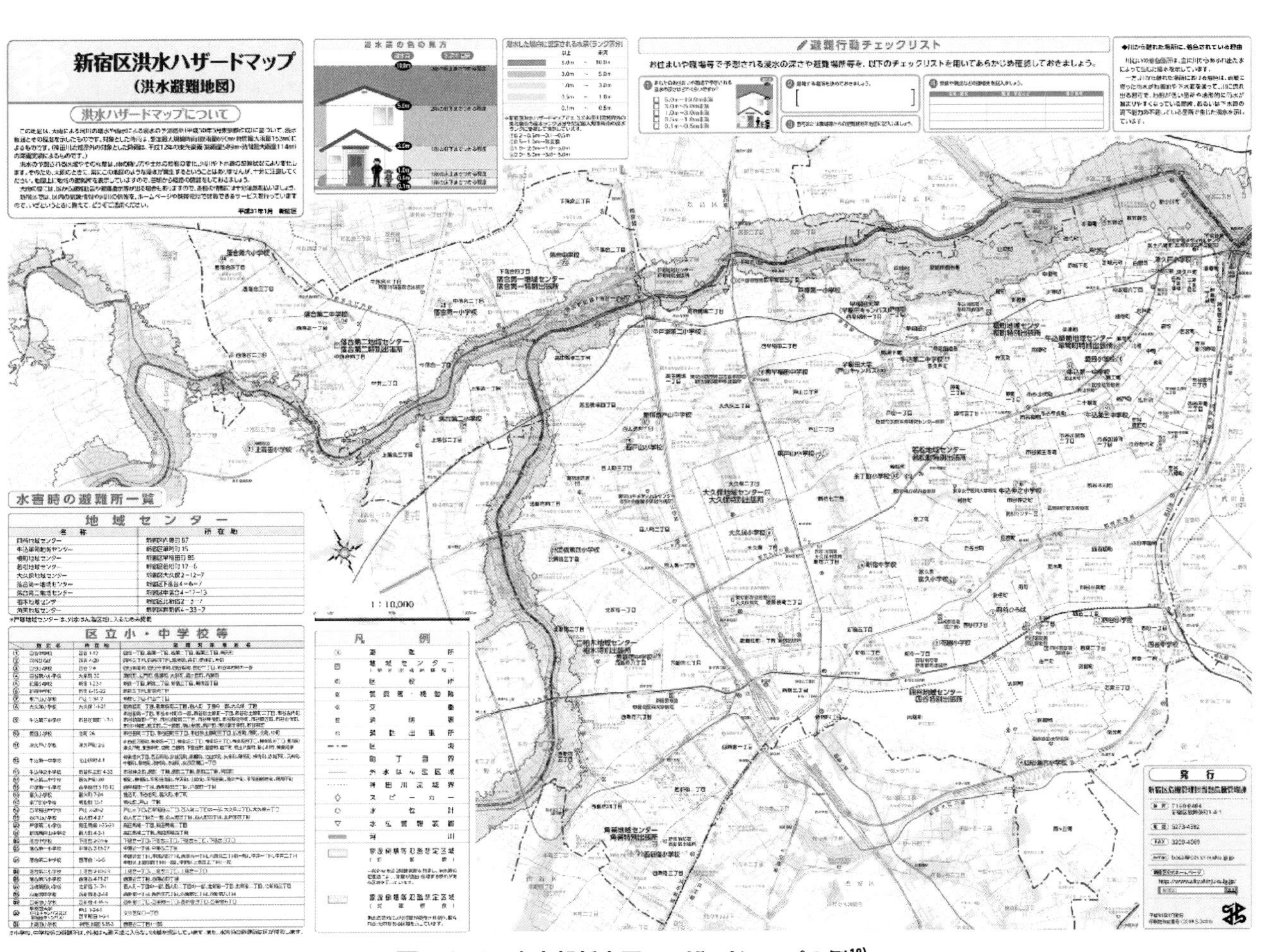

図－8.17　東京都新宿区のハザードマップの例[18]

今後、気候変動の影響等による異常豪雨の頻発化が懸念される中、既設ダムの施設能力を上回る洪水の発生頻度のさらなる増加が予想される。ダムは、運用の変更等によって、気候変動による外力の増大に対応する可能性を有する施設であるため、ソフト・ハード対策の両面から既存ダムを有効活用することの重要性がますます高まっている。具体的な方策の一つとして、利水容量を洪水調節に活用する運用改善、すなわち洪水調節に使用する容量を増やすためにあらかじめ利水者の理解や協力を得て豪雨の発生前にダムの利水容量から放流して貯水位を低下させる「事前放流」の実施を通じて、既存ダムに対する洪水調節機能を最大限発揮することが重要となってくる[19]。

事前放流を実施するにあたっての開始基準や貯水位低下量の設定方法などの基本的事項を定めた「事前放流ガイドライン」[20]が、国土交通省水管理・国土保全局により2020年4月に策定された。

また、国土交通省が管理する一級水系のみならず、都道府県が管理する二級水系においても、河川管理者と利水管理者等との間で、事前放流の開始基準や貯水位低下量等を定める治水協定についての協議が行われ、すでに多くの水系（一級水系では2020年5月末までに全水系（99水系）。二級水系についても順次取り組みが進められている。）で協定が締結されてきている[19]。その結果、2020年6月以降の事前放流の実施により洪水調節効果を発揮した事例が出てきている[19]。

今後も、既存ダムの洪水調節機能を最大限発揮させつつ、ダムに関する多くの関係者の連携に基づく防災・減災行動の強化に向けての取組が重要となってくる。

参考文献

1) 国立社会保障・人口問題研究所：日本の将来推計人口 平成 29 年推計，人口問題研究資料第 336 号，http://www.ipss.go.jp/pp-zenkoku/j/zenkoku2017/ppzenkoku2017.asp，2017 年 7 月.
2) 増田寛也：「選択する未来」委員会提出資料 人口減少問題と地方の課題，https://www5.cao.go.jp/keizai-shimon/kaigi/special/future/0130/shiryou09.pdf，2014 年 1 月.
3) 国土交通省国土政策局：国土のグランドデザイン 2050 参考資料，https://www.mlit.go.jp/common/001050896.pdf，2014 年 7 月.
4) 気象庁：地球温暖化予測情報，第 9 巻，https://www.data.jma.go.jp/cpdinfo/GWP/Vol9/pdf/all.pdf，p.30，2017 年 3 月.
5) 国土交通省国土審議会計画推進部会：国土の長期展望専門委員会 配布資料，https://www.mlit.go.jp/policy/shingikai/s104_choukitennbou01.html
6) 国土交通省：東日本大震災の記録，https://www.mlit.go.jp/common/000194077.pdf，平成 24 年 3 月.
7) 内閣府：令和元年度 防災白書，http://www.bousai.go.jp/kaigirep/hakusho/r1.html
8) 国土交通省水管理・国土保全局水資源部：令和元年版　日本の水資源の現況，https://www.mlit.go.jp/mizukokudo/mizsei/mizukokudo_mizsei_tk2000027.html
9) 一般財団法人日本ダム協会：ダム便覧 ダム数集計表，http://damnet.or.jp/cgi-bin/binranA/Syuukei.cgi?sy=moku2kei，2020 年 5 月.
10) 国土交通省北陸地方整備局：令和元年東日本台風（台風 19 号）による対応⑵堤防決壊等被害の状況，http://www.hrr.mlit.go.jp/saigai/taihuu1902/taihuu1902.pdf
11) 国土交通省水資源部：平成 12 年版「日本の水資源」（水資源白書）について，https://www.mlit.go.jp/tochimizushigen/mizsei/hakusyo/h12/wp.htm
12) 厚生科学審議会生活環境水道部会 水道事業の維持・向上に関する専門委員会：国民生活を支える水道事業の基盤強化等に向けて講ずべき施策について，https://www.mhlw.go.jp/stf/shingi2/0000143843.html，2016 年 11 月.
13) 一般社団法人ダム工学会：これからの成熟社会を支えるダム貯水池の課題検討委員会報告書－これからの百年を支えるダムの課題－（計画・運用・管理面），2016 年 11 月.
14) 国土交通省北海道開発局札幌開発建設部：新桂沢ダム諸元，https://www.hkd.mlit.go.jp/sp/ikushunbetu_damu/kluhh4000000c8e6.html
15) 気候変動を踏まえた治水計画に係る技術検討会：気候変動を踏まえた治水計画のあり方　提言，https://www.mlit.go.jp/river/shinngikai_blog/chisui_kentoukai/pdf/04teigenhonbun.pdf，令和元年 10 月.
16) 国土交通省水管理・国土保全局：河川事業概要 2018，https://www.mlit.go.jp/river/pamphlet_jirei/kasen/gaiyou/panf/pdf/c2.pdf
17) 多々納裕一：適応策としての 自然災害リスク管理，https://www.mlit.go.jp/common/001170904.pdf
18) 東京都新宿区：新宿区洪水ハザードマップ，https://www.city.shinjuku.lg.jp/anzen/file03_00016.html，2019 年 2 月.
19) 津森貴行，小澤盛生，竹内大輝：既存ダムの洪水調節機能の強化に向けた取組について，河川，No.890，pp.23-25，2020 年 9 月.
20) 国土交通省水管理・国土保全局：事前放流ガイドライン，2020 年 4 月.

索引

英数

あ

か

さ

た

な

おわりに

本書は、自身の職務において、深く「ダム」と関わりを持ち、その奥深さに魅せられた者が執筆、編集、発刊したものです。

ダムに魅せられた者達が、自身の職務等で得た知識や経験を生かしつつ、またできる限り最新の情報も組み込む形で原稿を執筆しています。

また、執筆者は、自身の多忙な職務の傍ら、公開講座におけるスライド作成、一般財団法人日本ダム協会の機関誌「ダム日本」に連載した紙面講座の原稿執筆、さらには本書の執筆、編集、発刊と段階的に作業を進めてきました。

そもそも、ダムが持つ様々な魅力を１冊の図書で書き記すこと自体難しいのですが、このように限られた時間の中での作業であったため、各章において十分にダムの魅力を言い尽くせていない部分も少なからず存在しているものと考えます。そのため、参考とすべき文献については、もれなくリストアップし適宜参照していただけるようにしたつもりです。是非、本書を導入書として、幅広いダムの魅力の探索に出かけていただければ幸いです。

まずは、興味のある部分から読み進めていただき、ダムの魅力を各章の執筆者のダムに対する熱い思いとともに知っていただきたいと切に願っております。

また、本書を読み終えた時には、読者の皆さんが、ダムの奥深さに魅せられているものと確信しております。さらに、皆さんが他の方々へダムの魅力を伝えていただけるものと考えております。

令和4年9月1日

魚本　健人

山口　嘉一

執筆者経歴

魚本 健人（うおもと　たけと）
1947年　愛媛県生まれ
1971年　東京大学工学部土木工学科卒業
1971年～1978年　大成建設
1992年　東京大学生産技術研究所　教授
2001年　東京大学都市基盤安全工学国際研究センター長
2012年～2014年　日本コンクリート工学会　会長
2007年～2010年　芝浦工業大学　教授
2007年　東京大学　名誉教授
2010年～2017年　国立研究開発法人　土木研究所　理事長
2016年～2017年　ダム工学会　会長
2017年～現在　株式会社高速道路総合技術研究所　フェロー
2017年～現在　国立研究開発法人　土木研究所　iMaRRC顧問

山口 嘉一（やまぐち　よしかず）
1961年　大阪府生まれ。博士（工学）。技術士（建設部門）。
1984年　大阪大学工学部土木工学科卒業、同年建設省入省。
土木研究所ダム部等でダムの研究開発・技術支援に従事。
2015年　（国研）土木研究所地質研究監、2017年同理事。
2019年　（一財）ダム技術センター審議役、2020年同理事。
土木学会賞、日本応用地質学会賞、日本地下水学会賞、ダム工学会賞、国土技術開発賞優秀賞等の受賞

植本　実（うえもと　みのる）
1961年　岡山県生まれ。 技術士（建設部門）。
1986年　京都大学大学院工学研究科土木工学専攻　修了、同年日本工営株式会社入社。
入社後は、国内のダム設計、施工計画などの業務に従事。
近年では、鶴田ダム再開発、八ツ場ダム、足羽川ダムなどを担当。
2018年　同社　コンサルタント国内事業本部　技師長。

藤田　司（ふじた　つかさ）
1960年　青森県生まれ。
1983年　東海大学工学部土木工学科卒業、同年　㈱間組入社（現㈱安藤・間）。
東京電力　今市発電所下部ダム（今市ダム）建設工事、北海道開発局帯広開発建設部 札内川ダム建設工事、東北地方整備局　長井ダム建設工事などに従事。
1999年　㈱間組　土木事業本部ダム統括部。
2017年　㈱安藤・間　土木事業本部技術第三部長。
2020年　第40回ダム建設功績者表彰受賞
2021年　㈱安藤・間　建設本部土木技術統括部　副部長。

黒木　博（くろき　ひろし）
1961年　福岡県生まれ。
1984年　九州大学農学部農業工学科卒業、同年大成建設株式会社入社。
三国川ダム、忠別ダム、徳山ダム、夕張シューパロダムでダムの建設工事に従事。
その後、土木技術部でダムの技術開発・現場支援に従事。
2021年　第41回ダム建設功績者表彰受賞

小林　裕（こばやし　ゆたか）
1958年　新潟県生まれ。技術士（総合技術監理部門、建設部門）。
1981年　新潟大学工学部土木工学科卒業、同年株式会社建設技術研究所入社。
ダム部門において、ダムおよび関連構造物の計画、設計に従事。
2018年　株式会社建設技術研究所技術本部首席技師長。
2021年　株式会社建設技術研究所　東京本社ダム部フェロー。
土木学会技術功労賞受賞

村田 智生（むらた　のりお）
1962年　愛知県生まれ。ダム工事総括管理技術者、技術士（建設部門）。
1985年　早稲田大学理工学部土木工学科卒業、同年西松建設株式会社入社。
その後ダム4現場を含む建設現場の施工管理に従事。
2009年　ダム工事総括管理技術者会（CMED会）常任幹事就任。
2013年　CMED会「ダムの再開発」検討部会部会長に就任。
現在、西松建設株式会社土木事業本部土木営業第一部部長。
2021年　第41回ダム建設功績者表彰受賞

ダムの科学と技術
Dam science and technology

2022年9月1日　発行
発 行 所：一般財団法人　日本ダム協会
〒104-0061 東京都中央区銀座2-14-2銀座ＧＴビル7階
TEL 03-3545-8361／FAX 03-3545-5055
http://damnet.or.jp/
印刷製本：昭和情報プロセス株式会社

ISBN 978-4-930971-08-01